"青少年互联网素养"丛书

互联网心理
网络心理透视镜

HULIANWANG XINLI:
WANGLUO XINLI TOUSHIJING

主　编■高雪梅　刘芙蕖
副主编■周玉红　余虹伶

西南师范大学出版社
国家一级出版社　全国百佳图书出版单位

图书在版编目（CIP）数据

互联网心理 : 网络心理透视镜 / 高雪梅 , 刘芙蕖主编 . –– 重庆 : 西南师范大学出版社 , 2020.12
（"青少年互联网素养"丛书）
ISBN 978-7-5697-0604-8

Ⅰ . ①互… Ⅱ . ①高… ②刘… Ⅲ . ①互联网络—应用心理学—青少年读物 Ⅳ . ① TP393.4-05

中国版本图书馆 CIP 数据核字 (2021) 第 007130 号

"青少年互联网素养"丛书
策　划：雷　刚　郑持军
总主编：王仕勇　高雪梅

互联网心理：网络心理透视镜

HULIANWANG XINLI:WANGLUO XINLI TOUSHIJING

主　编：高雪梅　刘芙蕖
副主编：周玉红　余虹伶

责任编辑：雷　兮
责任校对：牛振宇
装帧设计：张　晗
排　　版：重庆允在商务信息咨询有限公司
出版发行：西南师范大学出版社
　　　　　地址：重庆市北碚区天生路 2 号
　　　　　邮编：400715
　　　　　市场营销部电话：023-68868624
印　　刷：重庆紫石东南印务有限公司
幅面尺寸：170mm×240mm
印　　张：12.25
字　　数：200 千字
版　　次：2021 年 4 月　第 1 版
印　　次：2021 年 4 月　第 1 次印刷
书　　号：ISBN 978-7-5697-0604-8

定　　价：35.00 元

"青少年互联网素养"丛书编委会

总 序

互联网素养：数字公民的成长必经路

在一个风起云涌、日新月异的科技革命时代，互联网已经深刻地改变了，并将继续改变整个世界，其意义无需再赘言。我们不禁想起梁启超一百多年前的《少年中国说》："少年智则国智，少年富则国富，少年强则国强，少年独立则国独立，少年自由则国自由，少年进步则国进步，少年胜于欧洲则国胜于欧洲，少年雄于地球则国雄于地球。"

今日之中国少年，恰逢互联网盛世，在互联网的包围下成长，汲取着互联网的乳液，其学习、生活乃至将来的工作，必定与互联网有着难分难解的关系。当然，兼容开放的互联网虚拟世界也不全是正面的，社会的种种负面的东西也渗透其中，如何取其精华而弃其糟粕，切实增进青少年的信息素养，已成为这个时代的紧迫课题。

互联网素养已成为未来公民生存的必备素养。正确认知互联网及互联网文化的本质，加速形成自觉、健全、成熟的互联网意识，自觉树立正面、健康、积极的互联网观，在学习、生活、交友和成长过程中迅速掌握互联网技巧，熟练运用互联网技能，自觉吸纳现代信息科技知识，助益个人成长，规避不良影响，培育互联网素养，成为合格的数字公民，已成为时代、国家和社会对广大青少年朋友们提出的要求。

党和政府一直高度重视信息产业技术革命，高度重视青少年信息素养培育工作，高度重视营造良好的青少年互联网成长环境，不仅大力普及互联网技术，推动互联网与各行各业融合发展，而且将信息素养提升到了青少年核心素养的高度，并制定了《全国青少年网络文明公约》等法律规章，对青少年的互联网素养培育提出了殷切的希望。我们策划的这套丛书，正是响应时代、国家和社会的要求，将互联网素养与青少年成长相结合而组织编写的、成系列的青少年科普读物，包括了互联网简史、互联网安全、互联网文明、互联网心理、互联网创新创业、互联网学习、互联网交际、互联网传播、互联网文化多个方面主题。

　　少年强则国强，希望广大青少年朋友们能早日成为合格的数字公民，为建设网络强国，实现民族腾飞梦而贡献出自己的力量，愿广大青少年在互联网时代劈波斩浪！

雷　刚

写给青少年的一封信

亲爱的青少年朋友：

　　你好！

　　感谢我们在这里相遇，开始这趟特别的互联网"交心"之旅。网络世界中的你扮演着怎样的角色，网络交际要注意些什么，怎么做才不会网络成瘾，大数据时代又是什么……各位"5G冲浪"少年，让我们跟随本书一起去寻找答案吧！

　　本书分为九个章节，每一章节由五个栏目组成：栏目一"网络那些事儿"讲述互联网中那些"特别的"现象——特别有趣的故事、特别好玩儿的经历、特别生动的案例；栏目二"心理透视镜"围绕案例从心理学或社会学的角度进行分析，揭秘互联网现象中的心理学背景与知识等等；栏目三"解锁新技能"教你应对网络行为的小技巧，为你的网络交际支招；栏目四"元芳带你看世界"带你探索日新月异的互联网新发明；栏目五"一本正经告诉你"给你科普不可思议的新现象。每一章节都以"相关案例—现象产生的原因—应对方式—最新发明—科普阅读"的框架进行讲述，你会对互联网有一个客观的认识，更合理地看待和适应互联网

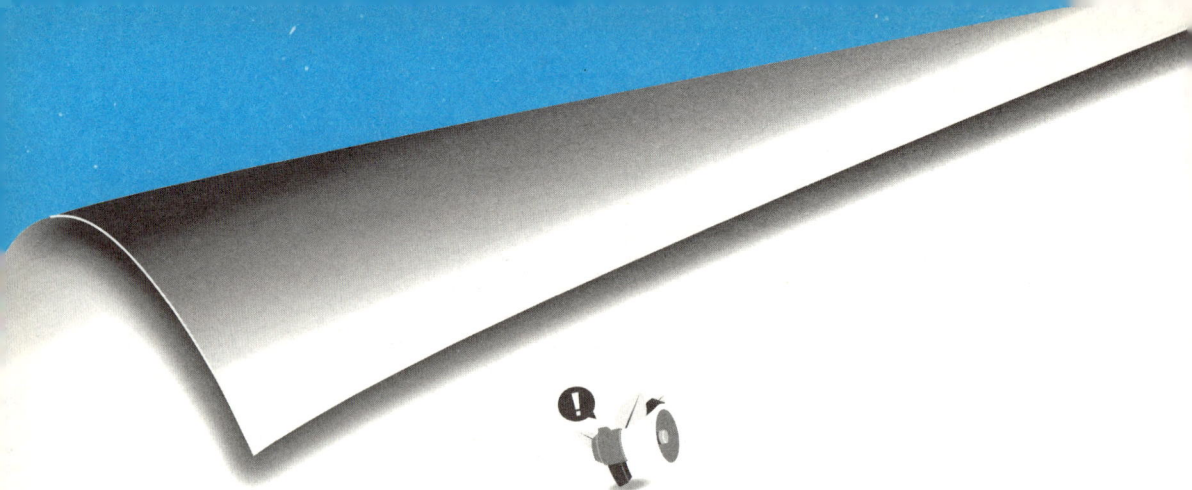

发展所带来的改变。

　　"麻雀虽小，五脏俱全"，本书从方方面面分析了互联网中的心理世界，能实实在在地为大家的网络烦恼支招。同时，本书每一章节各有各的精彩，读完之后，或许你会感慨怎么这么快就结束了呢？

　　但是，请你千万不要这样使用本书：第一天很有兴致地翻看，随后束之高阁……建议你给自己三分钟的时间先去看看目录和感兴趣的内容，慢慢地你会感慨书中的内容太少，怎么一下子就读完了呢？

　　希望你在阅读完本书之后，能够给我们"一键三连"——点赞、好评、转发，分享给身边的好朋友，再一起聊聊互联网心理那些事儿，帮助我们收获更多的赞！

编者

2021 年 3 月

目 录

互联网心理：网络心理透视镜

第一章

神奇的互联网

21世纪的互联网快速发展，特别是最近十年，无论是传输速率、网络规模、关键技术还是应用领域，都经历了大幅的增长。如今我们生活中的衣、食、住、行都与互联网技术的发展息息相关，只要"低着头"去"刷手机"就可以用淘宝买件心仪的外套，用美团看看划算的套餐，用携程预订出行的酒店和机票，甚至今天不会做的数学题，也可以通过网络搜索解题思路。为什么互联网中的虚拟世界会与我们生活中的现实世界紧密相连呢？这会对我们的生活产生哪些影响呢？其中又涉及哪些心理学相关知识呢？我们一起来看看吧！

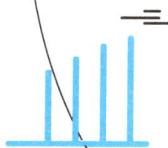

▶ 第一节 我们是互联网原住民

　　互联网蓬勃发展，网络时代的"原住民"随之出现。"互联网原住民"是指我们很多00后、10后在接触勺子和筷子之前就开始接触平板电脑和手机等智能设备，与网络朝夕相伴的群体。

　　作为互联网原住民，我们即便从未踏出国门，也可以通过社交网络跟不同国家、各种肤色的陌生人相识相知；可以通过搜索引擎在互联网上获取丰富的知识，拓宽我们的视野、开阔我们的思维……同时，在广泛接触各种信息资源的基础上形成属于我们的多元的价值观念，我们体验、学习、传承着属于这个时代的文化。

　　作为互联网原住民，我们正在享受着互联网的巨大便利：足不出户，便可以通过图片、视频等游遍天下，欣赏各地美景；可以通过淘宝、京东买遍天下，搞定衣食住行；通过外卖平台可以享受各类美食……

　　互联网为我们提供了一种多样化的生活方式，尊重个性的发展，为个体搭建了一个广阔的平台。

互联网让世界变成了"鸡犬之声相闻"的地球村，相隔万里的人们不再"老死不相往来"。可以说，世界因互联网而更多彩，生活因互联网而更丰富。而与互联网共同成长的我们，在这个网络和科技飞速发展的时代，应该如何看待和适应它们所带来的改变呢？

为了解决这些问题，我们首先要了解网络到底为我们带来了哪些改变。

1. 打破思维局限，培养世界观念，有利于个性化的发展

互联网所提供的全球化思维可以让我们突破地域国度的局限，把世界联系在一起，变成一个小小的"地球村"，把世界万物尽收于网中。在这个多样化的、包容的网络上，我们不仅可以创造性地设计各种事物，而且还可以创造性地表达自我；通过网络游戏和个人主页等充分展示自己的技术水平，编织自己的梦想；总会有人欣赏你的独立和特别，激发你的想象力、求知欲和创造力，帮助你成为更好的自己……这些对我们的成长及未来都会产生深远的影响。

2. 丰富生活，方便学习，开阔视野

在网络世界中，高效共享的各类信息可以开阔我们的视野，做到足不出户就能了解瞬息万变的世界；古闻今见的百科可以帮助我们学习进步，特别是互联网把许多抽象的问题具体化和形象化，以生动的画面和言简意赅的解说，使学习资料直观易懂，有不会的知识可以通过百度了解学习；各类游戏、影视文学作品更是增添了许多娱乐休闲方式。

3. 拓展交往空间，扩大交往范围

网络交往超越时空限制，可以及时地传送文字、声音、图像，如今已成为我们人际交往的常用途径。我们通过发送电子邮件、网上聊天等方式与许多互不相识的人交流思想、互相学习，甚至结交外国的朋友，这不仅拓展了我们的人际交往圈、拓宽了交往渠道，更给我们带来大量的信息，丰富人生的经验。

4. 网络让生活更便捷、更美好

古有造纸术、指南针、火药、印刷术"四大发明"，影响了世界；今有高铁、移动支付、共享单车、网购"新四大发明"，改变了中国。以前我们无法想象拿着手机出门就可以购物支付，有网络就可以叫来便民服务。现在，足不出户，打开外卖软件就可以享受便捷的美食服务，打开网购软件就可以体验快速的送货上门服务；出门在外，想去的餐馆、电影院都可以用手机订座、订票，不想走路就用共享单车、滴滴打车等；移动支付也一直在进化，密码、指纹、刷脸支付……

网络科技的快速发展，为我们节省了时间和成本，带来了便利，极大地提高了工作和生活效率，让生活变得更加多姿多彩。

解锁
新技能

为了更好地看待和适应互联网所带来的改变，我们还需要合理客观地认识互联网可能会带给我们的负面影响和危害。

中国社会科学院"互联网对新时期青年与青年工作的影响"课题组指出，互联网对青年人的工作方式、学习方式、交流手段和生活习惯产生了巨大的影响，更为重要的是，这种影响对青少年的价值观和行为具有极其深远的人文意义，但也有不容忽视的消极影响。

首先，在网络时代，丰富多彩的互联网信息极大地丰富了我们的精神世界，但是由于信息传播的随意性和匿名性，形形色色的思潮、观念也充斥其间，对于自我监控能力不强、极富好奇心的青少年具有极大的诱惑力，使之在网络上毫不顾忌自己的言行，忘却了社会责任，出现道德弱化倾向。其次，在网络时代，新的人际交往方式对青少年的心理产生了很大的影响。除了"情感自我的迷失""角色自我的迷失""自我约束力的降低"，还可能会给青少年带来"互联网成瘾综合征""社会交往失衡症"和"心理脆弱依赖症"，有的人会将网络世界当作现实世界，脱离实际，与身边的人没有共同语言，从而出现孤独不安、情绪低落、

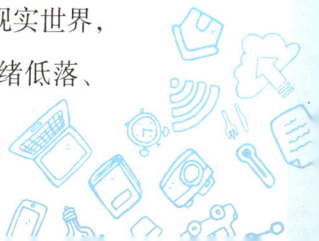

思维迟钝、自我评价降低等症状。

此外，网络发展尚不完善，最突出的一点就是网络法规不健全，不仅对我们的网络行为缺乏有效的法律约束，同时，也不能为我们提供一个安全良好的网络环境。由于缺乏有效的监管，网上各种信息良莠并存，真假难辨，对于身心处于发育期，是非辨别能力、自我控制能力和选择能力都比较弱的青少年来说，通常难以抵挡不良信息的影响。

看到这里，同学们，你们有没有结合自己的生活仔细思考：除了上面所讲的，究竟网络会对现实生活中的我们带来哪些具体的影响呢？请大家先开动脑筋思考一下，然后跟随我们接下来的内容去寻找答案吧！

元菁带你看世界

2021 年是 ".com 域名" 的 36 岁生日啦！

同学们有没有注意到平时我们打开的网页链接基本上都是以 .com 结尾的呢？其实，.com 后缀是因特网世界里最古老的一个域名后缀，Symbolics.com 是一家名为 Symbolics 的计算机制造商在 1985 年 3 月 15 日注册的域名，是历史上最早的域名，从创建到现在已经发展了 36 年了。在 1985 年，全球仅有 5 家公司注册了以 .com 为后缀的域名；直到 1997 年，".com 域名" 的注册才在互联网中开始迅速增加，当年共有 100 万个 ".com 域名" 注册；到现在，无论是什么后缀的域名，在注册量上始终没有超越以 .com 为后缀的域名。".com 域名" 目前在全球的用户超 1 亿以上，每个月大概有 66.8 万个 ".com 域名" 注册，这些域名已经成为我们生活中的一部分。每一个上网的人都离不开域名，离不开网站。这是互联网的进步，同样也是域名的进步。

说完了这第一枚以 .com 为后缀的域名后，你还知道有哪些其他的域名吗？一起分享一下吧！

未来，也许连饮料的风味与样貌都能用网络分享了

看到好友在网络上晒出好喝的饮料照片，你是否很想夺门而出前往品尝？这不是梦想！也许以后你只需待在家中，就能享用朋友通过网络分享的"滋味"了。

科学家运用颜色与酸度感测器来记录柠檬水的数值并与物联水壶匹配，通过其所搭载的 LED 灯光与杯缘的电极来重现饮料的颜色与酸味味觉。虽说现阶段的实际效果还是与真实的饮品有些落差，而且重现柠檬水也需要量身打造的应用环境（柠檬水是酸味居多，所以比较容易实现），不过这依然可以给我们一种物联生活的未来想象。

在初步模拟了饮料的味觉与视觉后，该团队还计划要模拟出鸡尾酒的嗅觉，最终则是希望能模拟任何饮料——就是不知道珍珠奶茶有没有在选项之中呢？

第二节 "低着头"的世界

网络那些事儿

"世界上最远的距离不是生与死，而是我坐在你们面前，你们都在玩手机。"

街道、地铁公交、商场等日常生活场所里，埋头于手机或平板电脑的情形几乎随处可见。人们对"低头"也已经习以为常了，毕竟我们中的大部分人也是"低头族"的一员。根据《中国青年报》的调查显示：63.3%的受访者自认是"低头族"，其中70.5%的受访者希望改变自己是"低头族"的现状。针对这样的现状，浙江省政府已经率先做出监管：2019年1月14日，温州开出全国首张"低头族"罚单；2020年1月1日正式实施的《嘉兴市文明行为促进条例》，针对"低头玩手机"过马路等行为做出了禁止性规定，最高可罚款50元。

其他国家的"低头族"也很常见，比如在韩国，经常玩手机的人被称为"拇指族"；在加拿大，总是自认为收到信息而不断查看手机的现象被称为"phantom message（鬼信息）"。在美国，戒

毒所开展了戒除手机上瘾的新业务——"nomophobia（无手机焦虑症）"；同时，夏威夷出台的《走路分心法》规定，一边走路一边看手机最高可开出99美元的罚单……

心理 透视镜

"低头族"是指在公共场所以及私人空间里一直低头看屏幕的人，主要是玩手机或平板电脑等数字终端，并以年轻人为主。为什么越来越多的人成了"低头族"呢？

1. 互联网时代的心理需求

根据中国互联网络信息中心最新发布的《第46次中国互联网络发展状况统计报告》显示，截至2020年6月，我国手机网民规模达9.32亿，较2020年3月增加了3546万人。网民中使用手机上网的比例高达99.2%，手机成为网民上网获取信息所不可或缺的设备。心理学家亚伯拉罕·马斯洛提出的需求层次理论，将人的需求从低到高依次分为生理需求、安全需求、社交需求、尊重需求和自我实现需求，其中安全需求是人类要求保障自身安全、摆脱失业和丧失财产威胁等方面的需求。而互联网的发展可以通过QQ或者微信传达相关工作信息，通过短信或者银行App告知你的资产状况；如果不幸遇到危险，手机也是我们必备的求救工具之一。因此，来自安全感的需求会让我们时刻关注手机信息。

2. 互联网提供的生活便利

互联网也已深入到各地区各行业，涉及大家的衣食住行，与学习、工作、生活密不可分。如今，许多人只需带一部手机，动动手指，就可以满足生活中各式各样的需求，展现互联网的速度与便利。学习中，打开有道词典能查不会的英语单词，打开作业帮能解答不会的数学难题，打开百度能搜索到语文诗词。工作中，手机成为随时随地与同事沟通和交接工作的办公设备，出差前能通过携程订购机票和酒店，加班时也能直接打开美团外卖订工作餐。生活中，手机更是让我们足不出户就能满

足所需，在"互联网+"的作用下，许多线下服务也可以通过线上的选择、预约，让大家在家享受。互联网为人们的生活提供便利的同时，也让人们更加依赖手机。

3. 从众心理

如果身边的朋友都在用手机看新闻，你会选择浏览报纸吗？如果大家都在刷手机，那你的选择会是什么？当然是也掏出自己的手机"刷刷刷"了。这就是从众心理的体现，它是指个人受到外界人群行为的影响，而在自己的知觉、判断、认识上表现出符合公众舆论或多数人的行为方式。我们都是社会化的人，极少有人能够保持独立性，不从众。那么，就会出现"别人有我也要有，别人玩儿我也玩儿"的心理，加上手机不再是简单的通信工具，而是我们大家工作、学习和生活必不可少的工具，这无疑为大家沦为"低头族"起到了推波助澜的作用。

4. 人格特质

人格也就是人的个性，是一种心理现象。人与人之间的差别，除了相貌各异之外，最大的区别就在于人格特质的不同，即使是同卵双生的双胞胎，甚至是连体婴儿，他们在人格上也会存在差异。那么，不同的人格与我们使用手机有什么关系呢？

心理学研究发现，神经质的个体，即通常我们所看到的喜怒无常的人，会比情绪稳定的人更容易也更有可能沉迷于手机，他们会更倾向于通过手机不断检查电子邮件、发送信息和刷微博等来分散自己的担忧并暂时找到安慰。严谨性较低的个体，即意志力较薄弱、做事无条理、自控能力比较差的人在手机的使用上也表现为缺乏自我克制。

5. 观众效应与攀比心理

观众效应，即人在拥有观众时的表现会与没有观众时不一致的一种心理效应，有的激励，有的抑制。QQ空间和微信朋友圈的火爆现象就是典型的关注激励行为。有了关注，有了点评，人的存在感会大大加强，这又反过来强化编辑者的行为。观众效应还在一定程度上激发了社交网络中部分人群的攀比心理。攀比这一点适合心智尚未成熟的个体，拥有好的手机并能让周围的人羡慕就是他们的目的，或是向周围人展示自己又买了什么奢侈品等等来获取别人对自己的关注和羡慕，继而满足他们的虚荣心理。

6. 情绪的宣泄和转移

随着当今的生活节奏越来越快，工作与学习的压力可以使我们在零碎的时间中享受网络带来的乐趣：等红绿灯时，拿出手机看看今天有什么新鲜事；坐公交时，看看抖音上有什么趣闻逸事……只要拿出手机，随时随地就可以"网上冲浪"。日复一日的繁忙生活中，多少人因为疏于交流而不认识自家邻居，减少了与亲人、朋友及同事的联络，变得越来越孤独，认为自己缺少能够耐心倾听自己倾诉的朋友，缺少能够促膝长谈的老友。人们正是需要急切地排除这些内心深处的孤独感，才慢慢沦为"低头族"。

解锁 新技能

长期做"低头族"会给我们的生活带来什么样的变化呢？

当人们正在感慨"低头"可以帮助他们随时随地获取知识、排除孤独情绪时，"低头"现象和它所带来的危害也逐渐引起了大家的关注，这种危害不仅是对"低头族"的人身安全、身心健康带来的影响，还有对公共安全所造成的影响。

医学专家说，长时间低头很容易患上颈椎病，颈部弧度会变直，关节会滑脱也会退化，如果演变成颈部肌腱炎还会造成偏头痛。同时，低头族们总是用单一手指频繁地打字滑动，容易诱发手指肌腱炎、关节炎与板机指等健康问题。有研究指出，半个小时到一个小时低头看手机就可引起颈部的疲劳，时间久了会引起椎间盘退型性病变、骨质增生，进而压迫血管和神经。同时，由于手机屏幕本身很小，亮度又很高，如果长期近距离、高度集中地用眼，将造成严重的视疲劳，导致视力下降，

而这种损伤不同于近视，即使佩戴眼镜也无法纠正过来，从而造成终生不可逆转的视力伤害。一项医学研究表明，长时间使用智能手机，会导致眼部结膜血管充血，甚至出现刺痛、流泪、畏光等症状。

根据"具身认知理论"，一直玩手机会导致意识范围比较狭窄，会让人形成一种狭窄而具体的理解世界的方式，且容易局限和纠结于具体事物，较少看到长远的未来。也就是说，手机降低了人们的"建构水平"，使得人们更关注事物的细枝末节，这些非常碎片化的信息很难拼凑成完整的信息给人以启迪，因此难以形成高水平的建构模式，不能引发人们深入的思考。同时，"低头族"的日常生活完全被手机上的虚拟世界所侵占，他们长期处于虚拟世界的虚幻成就感中，有的甚至将手机以及QQ、微信和微博等社交软件当作与人交流的唯一工具和途径，造成他们疏于同现实生活中的人交流，以致身边缺乏能够面对面交流的朋友。因此他们一旦离开手机，或者无法上网就会变得特别焦躁不安、紧张难耐，这种较为严重的手机成瘾需要寻求专业的心理帮助。

警察叔叔说，"低头族"在走路或乘坐交通工具时造成自身伤害的事件屡见不鲜。除此之外，不分场合地使用手机导致车祸事故的现象也时有发生。近年来，社会上还出现了针对"低头族"实施的盗窃、抢劫案件。曾有统计显示，乘车坐过站的、在车内被偷的一大半乘客都是"低头族"。前不久，一些地方街头还出现了专门针对"低头族"的新型碰瓷诈骗。

所以，低头要注意，抬头才能看到前方！

元芳带你看世界

宜家推出黑科技，逼你就"饭"

随着"低头族"的日渐壮大，信息时代的无礼与冷漠正在渐渐蔓延。吃饭本该是大家面对面交流、增进感情的大好机会，如今却因为手机淡化了人与人之间的关怀与温暖。

而宜家就设计出"好好吃饭桌"，让人们重拾吃饭的乐趣，"手机和美食不可兼得，舍手机而取美食也"。这款餐桌内置了一个电能发热的感应区域，放入的手机越多，火力就会越强，更厉害的是手机跟感应区域都会自动显示成熊熊火焰的样子……没有了手机，火热的聊天令就餐氛围更加融洽。

这也再一次提醒我们，科技这把双刃剑虽然让我们摆脱了生火做饭的劳碌，可以轻松享受美食，却又让人们不得不采用另一种"黑科技"来"返璞归真"，把那些脱离餐桌的人再次拉回餐桌，拉回到对食物本身的关注与享用上。

"手机脸"是什么?

手机脸是指因为长时间低头使用智能手机导致面部肌肉松弛、皮肤失去弹性，造成脸蛋下垂的脸型。

"技术控"的脸蛋有下垂风险，因为他们长时间低头使用智能设备导致面部肌肉松弛、皮肤失去弹性，进而引起面颊松弛、双下巴及嘴角纹（从嘴角延伸到下巴的皱纹）的出现。医生说，如果一个人连续好几个小时坐在那里，脑袋轻微往前探，紧盯着手机或电脑，他的颈部肌肉就会缩短，对双颊的拉动力增强，结果就是导致下巴下垂以及下颚后缩。

这种现象使皮肤紧致和下巴整形手术的生意日益兴隆。根据美国整形协会（ASPS）公布的数据，"下巴整形"是 2011 年最火的美容手术。那么问题来了，低头族们，手机和容貌二者取其一，你们会选哪个呢?

网络那些事儿

　　在网络与科技飞速发展的今天,我们的生活每天都在发生着变化。从"刷卡时代"到"刷手机时代",再到现在的"刷脸时代",从"刷"新闻到"刷"微博、"刷"朋友圈,"刷刷刷"俨然已经成为一种常态。

　　在这样一个"刷刷刷"的时代,不少人已经形成了这样一些习惯:早上睁开眼睛后的第一件事情,刷一下朋友圈,看看有什么新鲜的事情;晚上闭眼前的最后一件事情,刷一下朋友圈,以这样的方式和世界说晚安。每次更新了朋友圈或者评论了他人的动态,手就好像被手机吸住了一样,时不时就要捧着手机刷新一下自己和他人的互动。看到朋友圈有了新动态提示,就忍不住打开消灭它,不然心里不舒服……

　　那么,是什么让众多的"低头族"开始不知疲倦地在朋友圈"刷刷刷"呢?这背后又反映出了他们怎样的心理呢?

为什么我们会不知疲倦地刷朋友圈?

"碎片化时间"在移动互联网时代来临之后兴起，朋友圈则成为填满这些"碎片化时间"的利器。排队等车的时候刷一刷，坐上车了又刷一刷，下车后走路的时候还是刷一刷……刷朋友圈是到底在刷什么?

1. 获取信息的渴望

刷朋友圈很多时候是一种"信息焦躁"的体现。当我们一段时间没有获得新的信息——可能一两天，可能几个小时，甚至可能几分钟，因人而异——我们就会陷入一种莫名的焦躁感中。这种焦躁与无聊、空虚很相似，但又全然不同。它跟我们所处的状态没有太大关系，仅仅是因为大脑长时间得不到新鲜的刺激而已。

所以，我们长时间地刷社交软件以获取信息，未必是因为这些信息对我们真的有用，很多时候只是因为这个过程能够持续不断地产生新鲜刺激，让我们的大脑变得活跃，认为自己并没有被抛弃，仅此而已。要知道，虽然我们看起来花了很多个小时甚至是每时每刻都在看信息，并且看到的信息很多，可是事后能回忆起的却只有少数。而看到的其他信息，就像《头脑特工队》里面的灰色的记忆和落到角落垃圾堆里的记忆一样，任其灰飞烟灭了。

2. 反馈与奖赏

如果说信息和距离感是驱使我们去刷朋友圈的主要因素，那么反馈就会告诉我们，为什么刷起朋友圈就停不下来。反馈是我们的大脑中存在的奖赏回路：当我们做出一个行为，立刻就能获得行为的结果，并且如果这种结果是有益的，那么我们的大脑就会认为这种行为对我们产生的影响是正面的，会继续鼓励我们重复这一行为。这就可以说明，为什么我们会不知疲倦地刷社交软件。因为只需要轻点刷新，或者手指下拉，就能够看到新的信息。这对于我们的奖赏回路来讲，简直是再丰厚不过的正向反馈：付出的成本极低，但得到的回报很高。

因此，我们的大脑会要求我们一次又一次地刷朋友圈，直到没有新的信息产生，或者我们已经感到疲劳，新鲜事无法再给我们强有力的正向反馈，这种行为才会停止。

如此不知疲倦地刷朋友圈会给我们的心理健康带来哪些影响呢？

首先，人与人之间的距离好像被"刷"远了，"朋友圈里大家情意绵绵，现实生活中却很少好好交流"的孤独感逐渐成为普遍的心理现象。其次，"刷刷刷"之后反而不开心，比如说频繁的互动导致刷朋友圈成为你社交的压力，更有的人因为用"其他人活得都比我好"的心理来看待他人发布的好消息，从而影响到自己的情绪甚至导致抑郁。另外，频繁刷朋友圈还会使本来就失眠的人陷入"失眠—刷朋友圈—失眠"的恶性循环。研究者发现，青少年在睡前使用电子设备的时间越长，出现睡眠延迟和睡眠不足的症状越严重，而睡眠时间也越短。

英国的一项研究表明，学生如果在睡前半小时沉迷于浏览社交网站，会过度刺激大脑，难以入睡，而休息不足会让学生的课堂表现和成绩变差。所以请热爱学习的同学们做好笔记，要记住，充足的睡眠是好好学习的保障。

解锁新技能

据统计，79% 的手机用户会在早晨起床后的 15 分钟内翻看手机，不管是看新闻还是刷微信朋友圈，不得不承认，我们已经离不开手机了！我们迫不及待地刷微博、看朋友圈，即使可能就在几分钟前，自己刚刚才看过，也想要再看看有没有人发了动态我没有看见，即便大部分是微商广告也乐此不疲地从头看一遍。这种欲望有可能伴随了我们一整天，只不过很少被觉察到罢了。那么我们总是忍不住想去刷朋友圈，该怎么办呢？

首先，我们要正确认识刷朋友圈这件事，得接纳刷朋友圈这种事情是合理的。朋友圈是我们与好友分享心情、共享生活的重要渠道，不合理的是自己无法控制刷朋友圈的频率和时间，这才是我们需要解决的问题。

其次，完成规定的学习和工作任务后才能刷！比如可以给自己规定每天晚上完成学习任务后集中刷一下，白天争取少刷，甚至不刷朋友圈。如果把刷朋友圈当作完成任务的奖赏，这个事情或许会变得有趣得多。养成在固定时间刷朋友圈的习惯，比如，你可以晚上刷半小时后再洗漱睡觉，手机就尽量不要带上床了，相关影响我们在上文中已经讲到了。规定时间，到点必须洗漱睡觉。这个世界的精彩是看不完的，明天再看也不迟。

再次，养成定期整理订阅号的习惯。你的微信里面除了好友信息，可能还包括大量的订阅号。订阅的初衷本是帮助我们学习和增长知识的，可是如果关注的订阅号太多，反而会造成信息过剩。所以我们在这里建议，前期可以不断关注订阅号，筛选出你喜欢的类型，然后在喜欢的订阅号类型中筛选出更加满足自己需要的订阅号——建议不超过10个，然后坚持阅读学习，这会比你现在的订阅号里超过30个小红点还没有看要来得更加实在有效。

最后，多和身边的亲人朋友好好地面对面聊聊天、坐在一起吃顿饭，交流彼此的感情……

元菁带你看世界

这些年，我们身边的"黑科技"

通常情况下，"黑科技"是指当前人类无法实现或根本不可能产生的技术或者产品，其标准是不符合现实世界常理以及现有科技水平，代表着未来科技或者科技的发展走向。那么近年来，我们将哪些过去人们口中的黑科技变成了现实呢？

·阿特拉斯（Atlas）机器人

由美国波士顿动力公司为主开发的阿特拉斯机器人是世界上最优秀的救援机器人，系统比战斗机还要复杂，它在穿越树林、山涧，以及毁坏的街道上行走时都如履平地，破拆、钻孔、举小汽车都不在话下。

·百度无人驾驶汽车

百度无人驾驶汽车的技术核心是"百度汽车大脑"，包括高精度地图、定位、感知、智能决策与控制四大模块，可以实现厘米级精度定位，以及高精度车辆探测识别、跟踪、距离和速度估计、路面分割、车道线检测的自动驾驶技能。

一本正经告诉你

天啦噜，她对 Wi-Fi 过敏

相信大家对"过敏"这个词一定不陌生，在日常生活中总有人会对一些东西过敏，比如，花粉过敏、海鲜过敏，可是你听说过对 Wi-Fi 过敏的吗？法国一名 39 岁的女子因为对 Wi-Fi 过敏，不得不搬进深山居住，法国政府因此每月给这名女子发放 650 英镑（约合人民币 6370 元）的补助。

据了解，这名女子名叫 Marine Richard，曾是一名剧作家和无线电纪录片导演。她对手机、电视、路由器，甚至遥控器都会过敏，从而出现心悸、恶心、头痛等症状。现在，她被迫居住在法国西南部的一座深

山里，那里没有电，但可以逃避电磁场。目前，法国一家法院首次承认"电磁过敏"会致残。据悉，此前也有两名女子因电磁过敏躲进山洞，只要一接触类似信号，她们浑身就灼热得难以忍受，像被烧伤一样，因此被划分为二等残疾。

第二章

我就是我，
不一样的网民

"第一印象"指初次与人接触时形成的第一感觉，它对形成总印象具有极大影响。现实生活中的交往，我们可以通过对方的神态、穿着、谈吐等形成相对全面的第一印象，但在"看不见"的网络世界，你是否有疑问，应怎样做好印象管理？

总有人在现实生活里内向孤僻，但能在网络世界侃侃而谈，像是拥有第二性格。你是否想过，为什么会出现这种现象？这又会带来什么影响？

你可曾怀疑过，与自己相聊甚欢但素未谋面的"男友"其实是个中年大叔？好友列表里的"知心姐姐"或许只想套取你的钱财？

带上种种疑问，我们一起进入下面的章节，共同探索神奇的网络世界，了解如何避开种种陷阱吧！

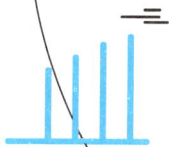

▶ 第一节 神奇的第一印象

网络那些事儿 --

你是否曾有过以下经历：

发短信时没有加上称谓，直接奔向主题？

与人聊天时未考虑用词，不曾注意细节？

发送内容丰富的邮件时，没有突出重点？

……

当心哦！这些你不曾留意的行为很可能已经给人留下了不好的印象！

网络心理学家 Patricia Wallace 在《互联网心理学》一书中举例说到，自己曾收到一个素未谋面的同事长达 13 页的电子邮件，罗列着学术作品、证书、各种学历证明等，还用很多"*"号标明了重要业绩。Patricia Wallace 说，在看到这封邮件时他曾想过立即删除，但转念想到，这位陌生同事可能只是和大多数人一样，不知道如何给人留下好印象。最终，Patricia Wallace 把邮件打印出来，进行了仔细的阅读和思考。

试想，如果是你收到上面这样一封邮件，你会对这个人产生怎

样的第一印象？又是否能像 Patricia Wallace 一样心平气和地把邮件从头到尾地仔细阅读？

心理透视镜

两个不熟的人第一次接触就能形成对彼此的第一印象。面对面交流时，我们可以根据对方的外貌、姿态、服饰等对其形成综合印象；但在网络交流中，我们没法看到对方的非言语行为，基本上只能通过聊天内容形成对彼此的印象。

随着 QQ、微信、微博等社交软件普及度的提高，人们越来越依赖网络环境来建立并维持人际关系。心理学家研究发现，虽然网络交流形成的综合印象比面对面交流形成的综合印象要少，但是网络交流形成的有限印象比面对面交流形成的印象更为深刻且影响更大。尤其是当我们初次与他人接触时，网络上的表现对印象形成所起的作用越来越大。

那么，是什么原因使得我们如此快速地形成对他人的第一印象呢？

1. 首因效应

首先，我们做个小测试：

A 和 B 是同班同学，

A 是个聪明、勇敢、固执、刻薄的人；

B 是个刻薄、固执、勇敢、聪明的人。

你是否对 A 的印象更好呢？

其实 A 和 B 的个性特征相同，只是描述的顺序颠倒了，导致我们大部分人对 A 的印象更好。由此可以看出，在印象形成过程中我们会比较注重最先得到的信息，并以此对他人做出判断。心理学家用"首因效应"来解释这一现象，即通过最初接触到的信息而形成的印象会对以后的行为活动和评价产生影响。

2. 标签效应

虽然第一印象只展现了我们日常表现的极小部分，但对首次与我们接触的人来说，这一小部分影响着他们是否愿意继续与我们维持关系或进行深入交往。一旦我们对某个人贴上"活泼开朗"或"胆小羞怯"的标签后，就不太可能改变这一看法，相反，我们会不断地寻求能够证明这个标签的证据，忽视那些与第一印象相矛盾的成分。"晕轮效应"很好地解释了这一现象，即当一个人的某个特点被我们发现并认可时，我们会倾向于认为他还有很多实际上可能没有的相似特点。比如，我们可能会认为某个乐观的人同时是可爱的、友善的。

网上的印象管理会受到哪些因素的影响呢?

1. 人格因素

（1）外向性

心理学研究发现，外向性较高的个体会更倾向于在社交网站上发布自己的资料和照片，也更可能频繁地修改个人主页，表达自己的观点和看法。

（2）自我效能感

自我效能感高的个体相信自己能够成功地进行印象管理，因此拍照时会选择相对随意的姿势，如做鬼脸；与人聊天时也更可能"自黑"或"自嘲"。

2. 自我监控

自我监控是指对自身行为和言语进行主动控制，以达到预期目标的过程。

自我监控高的个体对周围环境具有很好的适应性，能根据具体情景调整行为。这类人更可能在网上展现伪装过的自我形象，以他人期望的样子来展现自己的行为。然而，自我监控低的个体，不管在什么情景下都会表现出真实的性情和态度，不太利于形成良好的第一印象。

3. 账号昵称

玩大型角色扮演类游戏时，游戏昵称会对人们选择同伴产生影响，起到给人第一印象的作用。在游戏世界里，玩家的生活资料呈现得较少，只能通过仅有且能获得的信息形成对他人的印象。因此，游戏昵称和聊

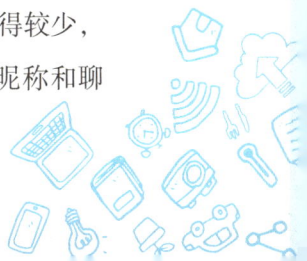

天时的文字信息等就成为玩家之间主要的交流手段和印象管理线索。好的昵称能帮助玩家建立好的印象，促使自己在游戏世界中更好地与人进行交流，从而获得一段良好的人际关系。

解锁 新技能

既然好印象如此重要，那我们怎样才能做好印象管理，给他人留下良好的第一印象呢?

1. 头像展现性格

心理学家做了一个实验，他们向实验参与者展示四份网络个人资料。第一份资料，用户的头像和文字陈述都暗示着这位用户性格外向；第二份资料，用户的头像和文字陈述都暗示着这位用户性格内向；剩余两份资料，用户的头像和文字陈述的暗示不一致。结果发现，参与者更多地根据头像来形成对该用户的第一印象，暗示用户性格外向的头像会让实验参与者判断这位用户是外向的，这种判断不受文字陈述的影响；暗示用户性格内向的头像会让实验参与者总体判断为该用户是内向的，但程度会不同。

互联网交往中，由于缺乏姿态、神情、语调等方面的表达，人们更多地只能通过社交账号的头像、昵称、个人主页等来获得形成早期印象的线索。尤其是不熟识的人，因为在生活中缺乏交流的机会，网上形成的印象无法通过其他方式加以完善，因此会更加根深蒂固。所以，如果你想让别人对你形成外向乐观的印象，不妨换个头像试试! 但你也要当心不要被头像的暗示迷惑住哦!

2. 昵称影响好友通过率

网络世界里我们可以自由选择用户名和昵称，昵称可能会反映出性别和偏好，是自我展现的重要方式之一，也是印象形成的最初线索。心理学家认为在网络中使用的昵称对于印象的形成很关键，会影响他人对我们的个性判断。比如，"那一抹灿烂的阳光"的昵称使用者可能是乐观积极的女生；"不平学霸，何以平天下"的昵称使用者可能是风趣幽默又爱玩网游的人。此外，调查显示，当我们利用QQ添加陌生人为好友时，昵称会影响好友通过率，像"孟婆，来碗豆浆"之类的搞笑昵称通过率最高，而"火线敢死队"之类的游戏昵称通过率最低。

3. 主页提升自我形象

除了头像和昵称，我们还可以通过修改QQ空间和朋友圈的个人主页（如修改背景图片）塑造自我形象，进一步完善个性信息，给他人留下好的印象。一方面，我们在对个人主页进行修改的时候能增加对自我的关注，进而提高自我形象；另一方面，通过查看主页浏览量，我们能够感受到别人对自己的关注，增强自信心。

元芳带你看世界

晕轮效应

你是否会觉得自己认可的人全身只有优点，而你讨厌的人做什么事你都看不顺眼？

事实上，这样的现象很常见。心理学中常用"晕轮效应"进行解释，它指人们对人的认知和判断往往只从局部出发、扩散而得出整体印象，即常常以偏概全。举例来说，一个人如果被标明是好的，他就会被一种积极肯定的光环笼罩，并被赋予一切好的品质；如果被标明是坏的，他就会被一种消极否定的光环笼罩，并被认为具有各种坏品质。

这种效应说明人们在对他人形成印象时容易不够客观，那为什么会出现这种效应呢？

（1）人们习惯将事物的个别特征推及一般，以点带面。

（2）把并无内在联系的一些个性或外貌特征联系在一起，断言有这种特征必然会有另一种特征。

（3）受主观偏见支配的绝对化倾向，别人说好就全部肯定，别人说坏就全部否定。

我们的五官与第一印象

第一印象由可接近性、支配地位以及年轻的吸引力三个因素组成。可接近性是指他人是否会帮助或伤害我们；支配地位指的是他人是否会帮助我们或伤害我们；年轻的吸引力代表他人是否能成为我们的好伙伴或对手。

心理学家做过一项研究，他们总共分析了 1000 张各种各样的人脸图像。研究人员将原来的人脸图像绘制成卡通图像，整合了包括眉毛宽度、嘴巴面积和颧骨位置等多处容貌特征，每种特征用多种图像属性来描述，并根据多个容貌特征和特征包含的图形属性对图像进行分析，在后期根据这些属性生成虚拟面孔，让参与者根据第一印象对原来的图像进行评分。

我们先来感受一下，下面哪张脸让你更想亲近，哪张脸又会让你感到霸气十足呢？

研究结果发现，实验参与者对陌生人的印象描述中有 58% 的差异都和容貌特征相关，并且存在一定的对应关系。例如，嘴巴的形状和面积与可接近性相关，眼睛的形状和面积与吸引力相关。也就是说，微笑是留给他人良好的第一印象的方法。无论在生活中还是在网络中，让我们都多一点儿笑脸吧！

第二节　第二人格——网络中的我

网络 那些事儿

你是否曾遇到过——

网上与你相聊甚欢的人，在现实里却害羞而腼腆？生活中性格孤僻、朋友几乎为零的人，在网上会积极回复别人的评论，还喜欢发各种萌萌的表情？

其实，这样的人有很多。他们在生活中沉默寡言又有些自卑，与人交流时总是吞吞吐吐，不敢公开发表自己的看法，说话时也不敢直视他人的眼睛，若与别人多说几句话就会脸红。但是，他们在网上就好像变了一个人，总能讲些搞笑的段子，讲话幽默风趣，会让人有种如沐春风的感觉。

也就是说，这类人在网上和现实生活中有着截然相反的性格。

心理 透视镜

成长于互联网时代的我们，网络给我们带来了深远的影响。刷微博、逛淘宝、点外卖等网上行为正无意识地塑造着生活中的另一套"行为守

则"，也就是所谓的"网络人格"或"虚拟自我"，这套守则专用于网络上的人际交往。还有一套"行为守则"用于现实中的人际交往，即我们的"现实人格"或"现实自我"。

为什么我们会拥有两套"行为守则"？这两套守则又为什么不同呢？

1. 网络去抑制效应

"网络去抑制效应"指的是人们在互联网中表现的行为不同于现实生活中的行为。出现这一效应的原因是在现实生活中由于受到内心道德准则和外部社会规范的约束，我们会克制自己的行为；在互联网环境中，由于网络的匿名性、网友的互不可见性、网络交流的不同步性等特点，这种自我克制被大大削弱，因此出现网上行为和现实行为有巨大差异的现象。

2. 容器人效应

"容器人效应"是指在现代大众传播环境尤其是以电视为主体的传播环境下，人们的内心世界犹如封闭的容器一样是孤立而封闭的。人们想与他人交流，打破这种状态，然而又不希望对方知晓自己的内心世界，也就是说保持一定的距离对现代人来说是人际交往的最佳选择。网络接触犹如容器外壁的碰撞，没有内心世界的沟通，刚好满足现代人的要求。然而，当我们沉溺于网络世界时会忘记现实生活，头脑中只有电子媒介呈现出来的虚拟环境，这种情况使得我们学会按照虚拟世界提供的标准进行活动，会影响我们现实生活中的方方面面。

3. 补偿心理

补偿心理是建立网络虚拟身份最基本和最普遍的心理依据。对于这一类的网络用户，他们创造的网络虚拟身份在很大程度上是理想中的自己或偶像，往往具备在现实生活中难以获得却又渴望得到的特征和品质，以此来弥补自身心理上的缺失。但是，某些靠外形出名的网络红人中存在所谓的"见光死"现象，原因是他们在网上创造虚拟自我时，过度美化了外表。这种行为不能纯粹地认为是对大众的欺骗，而应看作对自己外表的理想化期待，且通过 P 图的方式获得了心理上的暂时满足。其实，我们平时晒出来的自拍照大多也是精修过的，一定程度上展现的也是理想中的自己，只是没有太夸张。

4. 自我实现的需要

著名心理学家马斯洛认为自我实现是人类的最高期望和追求，指的是人们能够充分发挥自身的潜能和各种才能，实现理想和抱负，成为希望成为的人。现实生活中，每个人都拥有着无法轻易改变的特征，如年龄、性别等，也无法在短期内以全新的身份出现在大众面前，展现出的自我只是整个自我的一部分。但在互联网上，我们可以很轻易地创造出多个不同的虚拟身份，且由于互联网本身的匿名性，少了很多顾虑，不用担心他人会对自己在网上的行为指指点点。因此，在网络上我们可以更加积极勇敢地展示自我的很多方面。比如说，生活中的我们比较内向，那在网络中就可以创造一个外向的自己，学习外向的人如何与人交流，并将学到的方法运用到生活中。

这样的尝试能帮助我们离理想的自我更近一步。

解锁 新技能

网络人格如此常见，会对青少年造成怎样的影响呢？

1. 现实人格的延伸

在许多情况下，网络人格能够丰富真实的自我，成为现实人格的延伸。从最积极的方面来看，同现实人格相比，网络人格更加勇敢、强悍和高效。它使人们发表不受公众欢迎的观点和反对不公正的行为变得更加容易，也能够给人勇气，让行动更加容易。

2. 同一性探索

同一性所关注的问题主要有三个，即"我是谁""我在社会中处于怎样的位置"以及"我想成为怎样的人"。青少年时期的核心问题是自我同一性的发展。自我同一性的形成状况不仅直接关系到青少年的人格完善与社会适应，且会对其之后的心理发展产生深远影响。

互联网犹如自我同一性实验室。当我们改变自己，在互联网中呈现诸如性别、年龄等特点时，我们就充当了实验人员，对自我同一性进行实验。在互联网上我们可以创造出许多身份，实验自己不同的价值观和性格特点。对于不喜欢的虚拟身份，我们可以很轻易地放弃，然后再创建全新的身份角色，重新形成网络人格。通过这样不断的实验、演练和塑造，青少年得到探索自我同一性的机会，对自己的不同方面做出尝试，从而创造出独特的身份认同，促进人格发展。然而，对于价值观等发展不够成熟的青少年来讲，网络这个同一性实验是有风险的探索，有可能会造成所谓的"同一性危机"。即青少年会对"我是谁"感到困惑，不清楚"我在社会中处于怎样的位置"，回避追求的目标，对"我想成为怎样的人"感到很迷茫，不利于青少年的心理健康和人格发展。

总的来说，互联网一方面有助于青少年进行自我探索，另一方面也可能给青少年带来身份认同困扰的问题。

元芳带你看世界

网络对于青少年独特自我的发展既有利又有弊，网络上的人格也会影响到现实中的人格。那么，我们怎样做才能充分利用网络健全自身的人格发展呢？

1. 对负能量说"No"

心理学家发现，当现实生活中的挫折和压力无法排解发泄时，网络就成了青少年发泄的首选途径。但是，网络发泄真的有用吗？针对这一现象，心理学家曾做过一个著名的实验。实验者将参与者"惹怒"，然后将参与者随机分成三组。一组人一边想着自己愤恨的人一边击打沙袋，一组人一边击打沙袋一边想着这样做可以减肥，最后一组人则不击打沙袋。结果显示，通过击打沙袋泄愤的人在之后表现出来的攻击性和愤怒是最高的，击打沙袋时想着可以减肥的人表现出的攻击性和愤怒也高于什么都不做的人。可见，通过身体宣泄并不能减少内心的愤怒，不然第一组参与者表现出来的攻击性和愤怒应该是最低的，因为他们已经发泄过了。

可见，在网上发表负面信息并不利于负面情绪的宣泄，反而可能加重现实生活中的愤怒和敌意。因此，我们要学会合理表达情绪，对负能量说"No"！

2. 不被"一叶障目"

零散的信息完全可以左右我们的态度！青少年恰好成长于信息碎片化时代，每天可以通过各种搜索引擎获取不同的信息，这让我们养成了文档过长就没有耐心读下去的习惯。直觉来看，这种浮光掠影式的阅读似乎并没有让人记住多少东西，所以也谈不上对态度造成多大的影响，但不是这样的。举例来说，我们偶然在网上看到做平板支撑可以减肥的信息时，并不会把这条信息记在心上，时间久了，也会忘记它的来源。某一天，我们可能向别人推荐这种减肥方法且下意识地认为这是有效的，但实际上平板支撑只是锻炼腹肌的一种方式，不能起到很好的减肥效果。也就是说，我们偶然看到的信息会对日后的行为产生影响，所以我们应该留意看到的内容和信息。

3. 完善自我同一性

我们在网上的行为，诸如在线聊天、网上社交、网络游戏等都可以用来完善我们的自我同一性。在线聊天的内容是我们经过考虑、修改、美化之后编辑出来的，这种花费了交流双方较多时间加工的信息，可以在一定程度上减少不善交际的青少年心理上的压力。这种交往方式让青少年考虑更多的是聊天的文字内容，而不是聊天对象的外貌等特征，更有利于青少年从内在关注自身的优点和不足，进一步认识到自己是怎样的人以及怎样可以成为更受欢迎的人。但是，过度依赖网上聊天来实现

人际交往也存在一定的风险。

一本正经告诉你

可穿戴的人工智能

AlterEgo是阿纳·卡普尔为了将计算机、人工智能和网络整合在一起，作为人类认知的一部分，使我们可以自由地与周围世界互动的一个可穿戴装置，它可将人类擅长的创造力和直觉思维与计算机擅长的信息处理进行结合。

将这个装置贴在脖子上，可以不发出声音，不动嘴巴、不动下巴，只在心里清晰地将单词说出来，大脑就能发送非常微弱的信号给内部语言系统，通过AlterEgo传感器（透过表面皮肤，在口腔深处获得内部信号）分辨用户想说的话，再通过骨骼传导将答案经内耳反馈给用户，使得脑内有一个非常主观的经验，像是在跟自己说话一样。

阿纳·卡普尔表示，这个装置只会通过外周系统记录人们想交流并通过内部语言系统的有意参与而透露的信息，是身患肌萎缩侧索硬化症或葛雷克氏症人的福音。此外，这个装备不会记录或读取人们的想法，掌控权在用户手里，符合伦理要求。

▶ # 第三节　角色扮演——猜猜我是谁

网络那些事儿

　　小佳和王子偶然间通过微信摇一摇认识了彼此。虽然他们没有通过视频电话，也没有交换过彼此的照片，但是聊了几天后，小佳觉得王子是个幽默风趣、体贴温柔，总能给自己带来新鲜感且自己喜欢的"邻家大哥哥"，不禁对其心生爱慕。在小佳的一次主动表白后，他们确定了恋爱关系。

　　经过一段时间的了解，小佳越来越好奇王子长什么样，是不是她想象中的又高又帅的阳光少年。在小佳的再三请求下，王子终于同意了视频通话。视频接通后，映入小佳眼帘的是一个个子不高，有着大大的啤酒肚的中年大叔。经过简单的交谈，小佳终于确定眼前这个中年男人就是自己"交往"了3个月的对象。那一刻，小佳的期望落空，满是失望。

　　她突然想到网络上流传甚广的彼得·施泰纳创作的那幅漫画，漫画中，一条坐在电脑前的椅子上的狗对地板上的另一条狗说："在

互联网上，没人知道你是一条狗。"

网络这个隐蔽性极高的平台像个大染缸，给予每个人伪装的机会，使得我们无法完全分辨聊天对象的真实性。我们是否真的能肯定，在互联网的另一端和我们聊天的到底是谁？

心理 透视镜

人们在互联网上的伪装现象非常普遍，大部分人在网上都会对自己的信息进行修改和加工。那么，人们热衷于塑造网络角色的心理因素有哪些呢？

1. 天生的表演欲

自我意识是自己对自己的认识。从出生开始，人们的自我意识就在不断地成长与扩展。儿童假装成医生、护士、老师等成人角色玩"过家家"游戏是其成熟的标志，也是自然的成长过程。随着年龄的增长，我们的行为会被社会规范所约束，这种扮演的欲望也会随着时间的流逝被压制，甚至慢慢消失。然而，网络空间能唤起我们的这种欲望。在这个空间里，我们生活的随意性更大且角色可以自由转化，并且可以通过变换自己的性格、角色等来发表平日不敢说出的言论，扮演平常不敢扮演的角色，充分满足自己的表演欲。

2. 乌托邦式的人际交往

互联网上，角色伪装之后的人际交往模式就有类似乌托邦的特点。在网上，人与人之间没有年龄、身份、文化背景的界限，交往没有现实生活中的阻碍，每个人都是平等的，人们扮演的角色不是社会规范强加的（如：你是父母的孩子，是学校的学生），而是由自己主动创造的。因此，人们在网上不会受到来自家庭和学校的种种规范的制约，可以畅所欲言，这充分满足了人的需求，能体验到极强的愉悦感。

3. 释放心灵空间

著名心理学家、精神分析创始人弗洛伊德将我们的人格分为本我、自我和超我三个部分。本我遵循快乐原则，是我们的原始欲望，但往往与社会要求不符，需要被压抑；自我遵循现实原则，负责调和本我和超我，在满足现实社会规范和道德要求的前提下尽量满足本我的需要；超我是良心，遵循道德原则。现实社会中，受社会规范影响，人们有要扮演的角色，也有必须要尽的责任，但在做这些事的时候并不都是快乐的，可如果不做会感到良心不安。而在网络空间中，人们所扮演的角色是自己创造的，不会受到外部环境规范等的限制，可以通过公开表露被压抑的欲望以获得暂时性的心灵释放。

青少年在网上进行角色扮演时，会给他们带来怎样的影响呢？

1. 真实还是虚幻？

著名心理学家卡尔·罗杰斯曾说过："在一个值得信赖的关系背景中，将自己真实地表露给另一个人是逐渐理解自己的第一步。"互联网提供了一个相对隐蔽的环境，在这样的环境中与人交流，别人对自己的了解除了我们主动公开的信息外再无其他，这样的线上交流不用考虑自身的外表等因素，能更关注内在的优缺点，对于青少年客观真实地了解自己是很有利的。但若青少年过度沉迷于自己所创造出来的虚拟身份，不但不利于他们进一步了解自己，反而有可能迷失自我。所以，青少年在网上扮演各种身份的同时应把握好尺度，要注意不要过度沉迷其中！

2. 游戏还是欺骗？

青少年在网上进行角色扮演时并非不受道德和行为规范的约束，我们可将其看作重新认识自我的过程。互联网虚拟空间带给人的轻松和自由感，能给青少年重新认识自己带来愉悦感和幸福感，帮助他们释放压力。与此同时，互联网上的欺骗行为不在少数，网上假扮身份骗取钱财的新闻报道屡见不鲜。因此，青少年在网上进行角色扮演的时候，要时刻留心可能存在的欺骗行为，避免上当受骗。

实际生活中，人们试图用于揭示谎言的线索大多都是非言语的，如言语的停顿、语调变化、面部表情的微小改变等，除非是视频聊天，否则我们没有办法看到网络中对方的这些变化。

那么，在互联网上与人交往时，没有了来自视觉和听觉的线索，青少年应该怎样识别网络欺骗行为呢？

1. 你的语言出卖了你

心理学研究发现，讲真话的实验参与者习惯使用的文字更为完整、直接、清晰、中肯和个性化，与说假话的参与者有一定区别。这些特点也可用于判断书面文字，也就是根据手机或电脑屏幕上显示的聊天内容判断所说话的真假。如我们在互联网上看到闪烁其词的回复时，可以考虑一下它们的真伪！再者，说话的语言风格也可能暴露自己的性别。男性在说话时往往使用与事实相关的语言，女性则更多地使用与情感有关的语言，更多地暴露关于自己的个人信息且更多地使用模棱两可的回答。此外，在网络上故意强调自己是女性的用户也更可能是男性！

我不是男生。

我是女生！

2. 刻板印象帮助你

刻板印象指的是我们对某人或者某一类人形成的固有看法和评价，往往是不全面且不客观的，但我们对某类人形成的刻板印象，在某种程度上能帮助我们鉴别他人身份的真伪。举例来说，我们认为四川人脾气火爆，上海人精明爱计较，东北人豪爽阔气，等等。在网络交际中，这种有偏差的看法和评价有时也可以帮助我们识别一些欺骗行为。例如，当出现一个自称是高学历海归的人说话却毫无逻辑，一个自称某企业的高层管理却拐弯抹角地向你借钱等与平时刻板印象不符的情况时，我们应该保持怀疑的态度，提前做好防备，避免受到欺骗。

3. 来个出其不意

一般来说，骗子对事先准备好的背景资料很熟悉，但若是问到他们先前没有想到的问题，他们的回答速度就会变慢。因此，可以针对生日问问星座，或者问问其所在地方的省会，又或是问问他们家附近的布局等比较细节的问题。有的问题骗子可能事先准备过，但有的事先没法全面准备。如果他们回复你的速度比较慢，就可以想一想自己是不是正在被欺骗！

元芳
带你看世界

聊一聊 Cosplay 那些事

Cosplay 是 Costume Play 的缩写，起源于 1978 年。Comic Market（同人志售卖的地方）召集人米泽嘉博为场刊撰文时，以"Costume Play"来指扮演动漫角色、游戏角色的行为。1984 年，在美国洛杉矶举行的世界科幻年会上，日本动画家高桥伸之确立以和制英语词语"Cosplay"来表示这种行为，中文称之为"角色扮演"，现在一般指利用服装、饰品、道具以及化妆等来扮演 ACG（Animation，动画；Comic，漫画；Game，游戏）角色的一种文化活动。

Cosplay 可以追溯到迪士尼时代。1955 年，沃尔特·迪士尼创建了世界上首座迪士尼乐园，他请来员工穿上米奇老鼠服饰以供游客玩赏或是拍照留念，这是史上第一个真正意义上以动画角色为扮演对象的 Cosplay。参与 Cosplay 的装扮者被称为"Cosplayer"，简称"Coser"。但是，纯粹

穿着指定款式的服装，比如萝莉塔（Lolita）、朋克（Punk）、女仆服装等等，却没有道具配搭及化妆造型、身体语言等的配合，不算是Cosplay。

总体来说，Cosplay属于一种典型的青少年流行文化，集青少年自我展现的渴望、理想状态的追求及"离经叛道"的诉求等于一体。随着现代社会的发展，人们自我表达、自我展现的方式逐渐多元化，Cosplay文化是这种趋势下的一元，正迅速风靡青少年群体。

一本正经告诉你

暴露你的身份：人工智能在线识别

网络中的欺骗行为屡见不鲜，但到目前为止，还没有一种万无一失的方法能够找出欺骗者。传统的测谎方法包括面对面访谈、测量心率和皮肤电传导的测谎仪等，但是它们不能实现远距离的测谎，也不适用于大规模人群。

来自意大利的研究团队通过实验提出了一种识别真实信息的新方法，即通过测量人们对真实的和虚假的个人信息做出反应的时间来判断行为的真伪。但是，这种测试要能起作用，必须事先知道真实的个人信息。研究人员要求20个说假话的志愿者记住一个虚假身份的细节，并将其视为自己真实的身份，之后，这些志愿者需要在一台计算机上回答一系列"Yes or No"的问题。与此同时，另外20个说真话的志愿者也回答相同的问题。这些问题包括"茱莉亚是你的名字吗？""你是1995年出生的吗？"等。研究人员会记录每一个答案和志愿者们的鼠标光标从电脑屏幕底部移动到顶部"Yes"和"No"的按钮上的路径。除了12个意料之中的问题之外，研究人员还根据志愿者的新身份问了12个他们意料之外的问题。比如，根据出生日期询问他们的星座，询问志愿者假定地区的省会城市等。

研究人员使用说假话的志愿者错误回答的数量来训练计算机分辨说假话和说真话的人，最后发现四个机器学习的算法识别说谎者的准确率达到 77.5%~80%。当研究人员在训练材料中加入志愿者们使用鼠标的路径特征后，计算机成功识别说谎者的正确率达到了 90%~95%；单独使用说谎者说真话时的问题来验证它们的算法时，这些算法仍能以 77.5%~80% 的准确率识别出说谎者。

第三章

网络友善不虚拟

遇到疑惑不解的问题时，你是否曾在网上发布过求助信息，或私信过网络博主以寻求帮助？刷朋友圈、刷微博时，你是否无意间浏览到一些"厌世"的信息？又是否留下过一些给他们加油打气的言论？偶尔，你可能会刷到一些大病众筹的帖子，你是否慷慨地捐出过你的零花钱呢？互联网让世界变成了"地球村"，拉近了人与人之间的距离，让我们不仅能"知晓事"，更能"体验情"，轻易地表达我们的善意。

那么，网络中的种种友善行为背后折射出了什么心理现象呢？又有哪些小技巧可以帮助我们化身为网络中的温暖阳光小少年呢？让我们一起来看看吧！

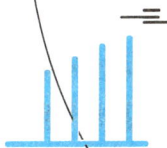

▶ 第一节　我的朋友圈

网络那些事儿

2018 年 1 月 5 日，全国网友都想请一个女孩吃饭，起因是一条微博。

一个女孩发了一条微博，字里行间透露着轻生的念头。这条微博牵动了网友们的心，大家纷纷留言，给她加油打气。虽然大家素不相识，但来自全国各地的网友都在邀请她去北京吃烤鸭、去重庆吃火锅、去武汉吃周黑鸭、去长沙吃小龙虾……与此同时，机智的网友们变身名侦探柯南，通过女孩晒出的电影票根，推断出女孩在广州生活。于是大家纷纷开始联系广州的各大公安微博，希望警察能帮忙寻找失联的女孩。同城的许多网友也积极响应，加入到寻找女孩的队伍中。在网友们的共同努力下，警察迅速找到了失联的女孩，及时阻止了悲剧的发生。

也许正是因为看到了网友们的留言，这位女孩发现这个世界还是存在着希望和美好，也感受到了人们的温暖和善意，从而选择和网友们一起面对生活。网友们这种友善的行为挽救了一条年轻的生命。

心理透视镜

亲社会行为就是我们通常所说的助人行为。亲社会行为主要以助人、捐赠、分享、谦让、合作等方式出现。不管是在现实生活中还是网络世界中，都不乏许多亲社会行为。那么，与现实生活中的亲社会行为相比，网络中的亲社会行为呈现出哪些新的特征呢？

1. 表现形式更单一

由于互联网特有的媒介属性，网络亲社会行为的表现形式跟传统亲社会行为相比，显得较为单一，分享与传递信息成为其主要表现形式。在青少年的网络亲社会行为中，回答网友提问是最为常见的形式，其次是上传各种资源或者主动发帖提供有用信息。

2. 参与个体更隐匿

由于网络具有匿名性，在网络中人们可以隐藏自己的身份，以增加自我表达的安全性。因此，与现实中的人际关系相比，在网络中建立的人际关系更加不稳定和不确定，实施亲社会行为的过程也更加随意。

3. 出现次数更频繁

相比现实生活中的大多数求助，在网络上帮助他人似乎成本和风险更低。由于网络的便捷性，网络亲社会行为的产生不受时间和地理位置的约束，耗时短、速度快，能在较短时间内完成，因此网络亲社会行为出现的次数更频繁。

4. 主动色彩更浓厚

由于互联网的虚拟与匿名性，亲社会行为产生的环境相对简单化，我们不需要考虑现实生活中那么多复杂的情境因素，因而网络亲社会行为的自发性、主动性更强，亲社会行为的参与率也显著提高。总的看来，网络亲社会行为的动机以内心满足感为主导，如在助人的过程中感受到快乐等。网络空间的虚拟性并不代表网络本身就是"虚假"或者"虚无"的，青少年作为网络社会的活动主体，是一台台冰冷的机器背后一个个鲜活的个体。

当然，网络亲社会行为只是以文字或者网络符号表情为载体，很多时候很难真正、彻底地帮助求助者和有需求者。所以作为青少年，我们不能仅仅只在网络世界助人为乐，更要将亲社会行为延伸至现实社会中。

解锁新技能

在互联网的世界中，每个人的网络行为都会对自己的现实生活产生一定的影响。网络亲社会行为越多，就越有利于我们的身心健康发展。因此，我们使用网络时一定要规范自身的言行，努力构建一个和谐、健康的网络环境。

1. 做一个播种阳光的少年

我们在网络上发表言论时，也是在展现我们自身的形象。因此，我们在网络中的言行也应该是积极向上的。

快乐因为分享而更加快乐。我们在网络平台上分享自己遇到的开心的事情，看到的朋友也会感受到你的那份快乐。也许你会问："那当我难过的时候怎么办呢？"你可以与你的闺蜜或老铁私聊，和他们讲讲你的心事。这样的方法可以使心情的"乌云"只在小范围飘散，不会大范围密布，才能有空间让"阳光"照射进来。始终在网络中做一个播种阳光的少年，你会发现情绪的感染力超强，你所带来的积极的情绪会影响周围的人，让他们感到快乐和温暖。

2. 做一个正能量的传递者

在播种阳光的同时，我们也可以传递正能量。在朋友圈、QQ 空间以及微博等社交平台，经常可以看到这样的消息：某某老人走丢，希望大家转发扩散，帮忙找人。动动手指这样的事情看似简单，但很多时候就因为这样一个简单的动作，真的能帮助到需要的人。人们利用网络的力量，在短时间内就能帮忙找到走丢的老人，这在过去没有网络的时代是不能

想象的。这背后的原因是每一个转发消息的网民都是正能量的传递者，这样的爱心接力让我们的网络行为变得有温度。

3. 做一个睿智的网民

网络世界也如现实世界一样缤纷多彩，纷繁复杂。我们在网络中畅游时，要做一个睿智的网民，不要迷失在网络信息的浪潮中。因为网络中有些信息是不适合青少年浏览的，所以我们要学会辨别什么样的信息才是对我们有利的，学会拒绝不正确、不恰当的信息。同时，这也锻炼了我们的自制力，让我们做网络的主人，做一个睿智的网民。

元芳 带你看世界 - - - - - - - - - - - - - - - - - - -

AI+ 公益

2019 年 5 月 19 日是全国助残日，百度推出"百度 AI 助盲行动"。这是一项面向视障人群发起的公益活动，它的目的在于利用人工智能技术，通过给盲人提供小度智能音箱、智能家居系统与百度智能产品，帮助他们更好地学习、工作与生活。

百度 AI 助盲行动第一阶段聚焦于盲人按摩店的改造。在工作中，盲人按摩师通过语音呼唤"小度"可以控制店内灯光亮度、空调温度、电视频道、窗帘开关，以及设置按摩时长、呼叫前台、为顾客播放喜欢的音乐与相声等内容，从而提升服务质量。在生活中，视障人群通过语音可以查询天气、新闻，学习按摩知识，丰富业余生活。

2019 年 10 月，百度 AI 助盲行动进入第二阶段。如今，盲人按摩店 AI 改造已落地到全国 40 多个城市，惠及 100 多家盲人按摩店。与此同时，百度还与西藏、陕西等省份的盲童学校、特殊教育学校进行合作，让视障学生借助人工智能的力量，在"AI 图书馆""AI 教室"中通过语音学习课内外知识，在"AI 宿舍"中通过语音控制灯光亮度与开关窗帘等等，为视障学生营造出了更便利的学习和生活环境。

一本正经告诉你

在丰富多彩的互联网时代，不管是以文字、图片还是视频的形式，人们每天都会接收很多信息，这些信息会对我们的行为造成潜移默化的影响。早在 20 世纪 70 年代就有心理学家研究了电视传媒对儿童亲社会行为的影响。

在一项研究中，研究人员让 3 组 6 岁的儿童分别观看 3 个电视片段：一个表现营救主题的片段，一个充满幽默感的片段，一个与亲社会主题无关的片段。之后，研究人员让孩子们一起玩游戏来赢得奖金。游戏过程中，研究人员安排孩子们从一群饿得乱叫的小狗旁边经过，如果儿童停下来帮助这些小狗，就可能失去赢得奖金的机会。结果发现，那些观看过营救片段的孩子更可能停下来安慰那些可怜的小狗，而另外两组孩子却很少停下来对小狗实施帮助。

这项研究结果表明，电视传媒的内容会影响儿童的亲社会行为，观看越多的亲社会内容的儿童可能表现出更多的亲社会行为。同理，通过网络接触到的内容，青少年也很容易学习到一些行为模式，因此青少年在使用网络时应注意选择浏览积极的内容。

第二节　亲，今天你亲社会了吗？

网络那些事儿

　　获得"2005年吉林省第三届见义勇为模范"的普通市民胡茂东，曾在吉林市中百商厦发生的特大火灾中救出11人。但在2020年3月的一天，胡茂东突然晕倒，四肢僵硬，最终被确诊为脑动脉瘤。昼夜不间断的疼痛折磨着他，医生说需立即进行手术，否则瘤子破裂，随时都有生命危险。可是手术费少说也要二十万元以上，他们是低保户，日子过得并不富裕，这笔钱可愁坏了夫妻俩。正在他们为手术费四处奔波借钱时，好心人士建议他们可以通过网络众筹的方式寻求帮助。

　　胡茂东想尽办法也凑不齐巨额手术费，无奈之下他只能选择通过网络众筹发起求助，希望得到好心人的援手。涓滴爱心迅速汇聚成海，只用了一天时间，爱心网友就为胡茂东筹集到十五万余元。两天后，他顺利进行了第一次手术。

　　当人们不幸罹患大病资金紧缺时，向亲朋好友求助是一件普遍且符合情理的事情，然而传统的逐一沟通的求助方式，困于时间、空间、人力等客观条件的限制，往往效率较低，难以有效、及时地筹到医疗费用。网络众筹基于移动互联网及社交工具，为医疗资金紧缺的大病患者缩短了求助时间，降低了求助信息的传播成本，提升了医疗资金的筹集效率，让大病患者能够及时得到帮助。

心理 透视镜

许多网友于我们都是陌生的，不熟悉也未曾相识，但我们在很多情况下仍会义无反顾地给予他们经济上和情感上的支持、分享自己的资源。在整个过程中，究竟是什么左右了我们的行为？

1. 了不起的"移情"

"山里的孩子不知道山外的世界，因为想念在外打工的爸爸妈妈，于是便凑钱买手机联系身在远方的亲人。"这是《大山里的孩子》里的情节。

"一声可怕的巨响，房屋倒塌了，地面裂开了，山石滚滚而下，一双掩埋在瓦砾巨石下的小手还紧紧握着挣扎的拳头。"这是 2008 年 5 月 12 日汶川大地震里的一个场景。

想到这里，或许你的眼眶已经湿润，如果可以，你也愿意伸出援手，帮助那些需要帮助的人。这就是你移情的表现。当我们把自己置于他人的位置，并以对方的方式体验事件和情绪时，我们便会对他人产生移情。

移情是指设身处地地理解他人的感受，与他人达到情感共鸣的一种能力。富有同情心就是移情能力的一种表现。许多研究结果表明，移情水平高的人会表现出更多的亲社会行为。如果你留心观察，就会发现网络中也存在着各种亲社会行为，例如，无偿提供信息咨询、资源共享、发动社会救助等。因此，正是因为我们懂得移情，我们才能感知他人的需要和困难，愿意贡献出自己的力量。

2. 赠人玫瑰，手有余香

有时候我们帮助别人的同时，自己内心也产生了一种成就感，从而使我们更加愿意提供帮助，形成一个良性循环。例如，在网络中提供技

术支持的助人者，他们在帮助别人时，自己也体会到了相应的快乐和被他人认可的满足感。所以，毫不吝啬地去帮助他人吧，这也是一种获得快乐的方式哦！

3. 交换的力量

对于期待回报的助人行为，我们可以用社会交换理论进行解释。社会交换理论认为，就像在经济市场上一样，只有当回报超过成本时，人们才会助人。社会交换理论秉承互助的原则，通过付出较小的代价向他人提供帮助，以获取最大的收益和报酬。

资源共享是互联网时代的一个显著特征，也是一种最为大家熟知的网络助人行为。在分享个人已有资源的同时，我们也可以获得其他人提供的信息和资料，很大程度上弥补了个人能力不足的问题，有些网站还为分享资源最多的用户提供丰厚的奖励。所以，帮助他人不等于无私奉献，助人的同时我们也获得了精神上或物质上的奖励，这就是所谓的"助人自助"。

解锁
新技能

亲社会行为是人与人之间在交往过程中维护良好关系的重要基础，对个体一生的发展意义重大。那么，我们可以从哪些方面培养自己在网络上的亲社会行为呢？

1. 见贤者，思齐焉

子曰：见贤思齐焉，见不贤而内自省也。亲社会行为是值得我们学习和效仿的。加入亲社会群体，可以让青少年了解到更为丰富的亲社会形式，更为重要的是在心中树立自己的榜样。

在心理学的一项研究中，研究者让游客不要拿走黄石国家公园的树木化石，先告诉一些游客"以前的游客都把树木化石拿走了"；另一些游客则被告知，为了保护公园，"以前的游客从不拿树木化石"。结果后者几乎没有人拿走树木化石。由此可见，好的榜样往往能发挥意想不到的效果。

培养网络中的亲社会行为并非难事，通过网络与人为善的方法是多样化的，我们可以更好地以自己喜欢的方式向自己的榜样学习，传播正能量。

2. 移情训练

前面我们已经提到，亲社会行为的产生往往是因为我们具备了移情能力。那么，要培养自身更多的亲社会行为就可以从提升移情能力开始。对提高移情能力，我们有以下几点小建议：

（1）情绪追忆

一方面，可以通过语言、场景、情境、音乐等情绪模式，唤起个人过去的生活经历，亲身感受自己的情绪；另一方面，通过对当时情景情绪的联想，设身处地地与别人所处的相似场景的情绪相联系，从而使自己与他人产生共鸣。

（2）角色扮演

角色扮演是应用范围最为广泛、实施最为容易，并且行之有效的方法之一。角色扮演可以让我们更好地理解他人的处境，体验他人在各种不同情况下的内心情感。角色扮演是对他人内心的体验，也是一个人建立明确的自我角色概念的必要途径。

（3）情境讨论

情境讨论是指通过展示情境图片或讲述情境故事，然后引导个人进行讨论，引发个人情绪反应和情感体验从而提高个人移情能力的方法。

3. 做一株积极的向日葵

积极心理学的创始人马丁·赛里格曼说过，积极的力量可以让幸福永恒。积极心理学的目标是催化心理学从只关注修复生命中的问题到同时致力于建立生命中的美好品质。积极心理学的兴起是亲社会行为的重要支撑。有人提出，心理学应当不仅仅研究"疾病、缺点以及损伤"，还要研究"长处和优点"，关注健康人类机能的本质、移情、亲社会行为，如何定义和分类人类的长处，以及如何改善人们的生活。

一项心理学研究表明，具有积极情绪的人比一般人更能忍受痛苦。这个研究是让人们把手伸进装满冰水的桶中，看谁坚持的时间最长。一般情况下，人们只能忍受 60~90 秒，但处于积极状态下时，人们往往能忍受更长的时间。因为人们在积极的心境下，会减少对自己的关注，更多地去了解他人的需要。

让我们一起学会以积极、乐观的态度对待身边及网络中的人和事，给予他人更多的关怀，帮助更多需要帮助的人吧！

 **元芳**带你看世界

点赞这个动作早已是人人熟知，通过点击红心或大拇指就可以在极短的时间内完成一项复杂的情绪表达。早在 2015 年的新年贺词中，连习近平总书记都表示"我要为我们伟大的人民点赞"。很多时候，点赞更多表达的是我们对他人的祝福、关注、共情和回应，是在向他人表达我们的友好关切，是一种亲社会行为。那你有想过，点赞这种具有亲社会属性的行为背后，有哪些心理状态吗？让我们一起来看看你属于哪一种吧！

1. 朕已阅

好的，我知道了，点个赞表示我看过。通常有这种心态的点赞党，只是在刷存在感。

2. 勿忘我

就像小学时写同学录常用的三个字——勿忘我，给不常联系的朋友点赞，可能在表达"希望你能记得我哦"。

3. 哈哈，我也是！

原来你也这么想，原来你也关注这个，感觉找到了志同道合的伙伴，加强了社会认同和自我认同感。心理学中的曝光效应能很好地解释这种现象。曝光效应也叫纯粹接触效应，是指人们会偏好自己熟悉的事

物，即我们会单纯因为自己熟悉某个事物而对其产生好感。因此，这时候你会忍不住想要点赞。

4. 表达感谢、支持和祝福

正好你的分享对我很有用，谢谢你的分享。

遇到了困难，有我支持你。

恭喜你取得好成绩。

5. 开启损友模式

当你今天出门不小心摔了一跤，收到的不是慰问，而是来自损友们的纷纷点赞。这种赞一定是好朋友才干得出来的调侃。

一本正经告诉你

在他人受难时，你的反应如何，对他人的关心程度如何，这关系到你是否更易做出亲社会行为。让我们一起来做个测试吧！

仔细阅读下面的题目，根据自己的实际情况写出符合自己的分数。

同情性关怀量表

题目	完全不像我	有点儿不像我	说不清楚	有点儿像我	非常像我
1. 看到别人有危险，我常常有一种要保护他们的愿望					
2. 看到别人受到不公正的对待，我有时不觉得他们可怜					
3. 对那些比我不幸的人，我常常很关心他们					
4. 我认为我是一个相当心软的人					
5. 有时看到别人有麻烦，我并不感到抱歉					
6. 他人的不幸并不经常使我不安					
7. 我常常受到发生在我周围的事情的影响					

计分方式：

"完全不像我"计 0 分，"有点儿不像我"计 1 分，"说不清楚"计 2 分，"有点儿像我"计 3 分，"非常像我"计 4 分。其中，2、5、6 题为反向

计分题，即被试选择"完全不像我"时实际计分应为 4 分，以此类推。

据调查，男性的同情性关怀得分平均水平为 19.04 分，女性的同情性关怀得分平均水平为 21.67 分。

你的得分情况与平均水平相比如何？

▶ 第三节　我是"愤怒的小鸟"吗？

网络那些事儿 -

几年前的一部电影《搜索》引起了大众对"网络暴力"的关注。

影片讲述的是一位年轻的都市白领由于在公交车上没有给老人让座，被网友录下视频传到网上，种种愤怒的攻击和指责一瞬间铺天盖地地袭来，网友们对她进行人肉搜索，把她的个人住址、工作单位、联系方式等隐私曝光到网络上，媒体也进行大肆渲染，站在道德的制高点批判她，对她进行人身攻击。网友们仅凭自己看到的短短几分钟的视频就肆无忌惮地恶言相向，殊不知女主没有让座的原因是她当天被检查出癌症晚期而万念俱灰。不明真相的网友不由当事人辩解就对她进行无情的网络暴力，以致最后女主不堪重负，结束了自己的生命以平息这场网络暴力的风波。

有人说，以众怒之名去惩治一个不相关的人，甚至真相都可以弃之不顾——这不是正义，而是私刑。网友们打着"正义"的旗帜导致了一场悲剧。更加让人不寒而栗的是，这样的悲剧在现实社会中正不断上演。

不同于现实的攻击行为，网络中的攻击行为具有鲜明的特点。互联网在给我们的生活带来新体验的同时，也让我们感受到来自虚拟世界他人的深深的"恶意"。身为青少年的我们为何会做出攻击他人的行为呢？这又会对我们产生怎样的影响？

1. 网络成为宣泄的平台

绿巨人是美国漫威漫画公司出版物中的虚构人物，他是愤怒的化身，是破坏之王。他的宣泄手段是暴力而粗犷的，通过坚韧的身体和巨大的拳头对身边的一切进行摧毁性的打击。但我们不是绿巨人，也无法通过变身来释放心中的怒火，于是乎，网络便成为我们宣泄情绪的平台。

著名心理学家、精神分析学派的创始人弗洛伊德认为，游戏可以使儿童逃脱现实的强制和约束，给他们提供安全的环境，让他们发泄那些在现实中不被接受的、通常是攻击性的危险冲动，以满足其追求快乐的愿望。网络给我们提供了宣泄不良情绪的平台，释放心中的怒火。但同时，我们要准备好"灭火器"，以防火势过大、伤及无辜。我们需要合理、适当地宣泄，过度宣泄不但不能帮助我们调节不良情绪，反而可能引发攻击行为，伤害到自己和他人，影响人际关系。

2. 旁观者效应

有心理学家曾经设计了一个有趣的实验。他们让 72 名不明真相的参与者，以一对一和四对一两种方式，与一名假扮的癫痫病患者保持距离，使用对讲机通话。在交谈过程中，当假病人大呼救命时，一对一通话的那组有 85% 的人冲出工作间去报告有人发病；而在有四个人同时听到假病人呼救的那组，只有 31% 的人采取了行动。

这个实验的结果反映了旁观者效应，即当旁观者的数量增加时，任何一个旁观者提供帮助的可能性都会减少。因为有他人在场时，个体不清楚到底应该谁采取行动，帮助人的责任被扩散到每个旁观者身上，就造成了责任分散。和现实攻击一样，旁观者效应在网络欺凌中同样起着推波助澜的作用。当遭受了网络攻击的个体没有得到及时的支持，网友们旁观的行为其实就是对网络暴力的默许。对于网络攻击行为，我们应当及时制止，共同维护良好的网络环境。

3. 向"大流"看齐

你有过这样的经历吗？当你想等人行道的绿灯亮了之后再过马路时，你发现周围的人已经在过马路了，于是你也跟着这一"人群的大流"过了马路。这其实就是心理学中"从众行为"的表现之一，那么它对网络攻击行为的产生有什么作用呢？

微博的使用、微信的刷屏、QQ的动态还有论坛和贴吧的回复，各种各样的网络交友方式让青少年眼花缭乱。但青少年处于价值观发展的不完善期，心智尚不成熟，对新事物、新内容、新信息难以给出科学、合理的解释，很容易在互联网的信息浪潮中迷失正确的方向，随波逐流。尽管网络中的攻击行为是一种不恰当的处事方式，但对于叛逆期的青少年来说，它可能会是一种时髦、个性、有胆识的方式，于是他们会像许多人在网络空间那样，为自己的面子与人开启"互骂"状态，在评论区肆意发表自己的不当言论来怒刷存在感，在公共讨论区和其他网友"打嘴仗"，将网络攻击行为进行到底。

因此，我们要合理控制自己在网络上浏览信息的范围，避免浏览一些负面信息。当我们时常关注一些积极、正面的信息时，我们也会在不知不觉中模仿一些正面的行为。

解锁新技能

网络攻击行为是网络中常见的一种网络互动方式，通过发送文字、图片、视频等形式向他人做出激烈的对抗。那么，我们要如何选择良策应对呢？

俗话说，没有规矩，不成方圆。互联网并非法外之地，我们要明确网络攻击行为是不符合互联网空间互动的礼仪规范的，情节严重的可能

还会受到法律的制裁。因此，青少年了解、学习和实践网络礼仪是很有必要的。网络礼仪是一种数字礼仪，是互联网使用者在网上对其他人应有的礼仪，是人们在网络上做出各种网络言行时，为了避免行为失败而应当遵守的在线行为规范。

1. 记住别人的存在是网络礼仪的第一准则

互联网使五湖四海的人们聚集在一起，这是高科技的优点，但它往往也使得我们忘了自己是在跟其他人打交道，我们的行为也因此容易变得更粗劣和无礼。所以，如果你当着别人的面不会说的话在网上也千万不要说。

2. 学会平心静气地争论

互联网空间是一个公共场所，每个人的言行举止对整个网络环境和社会风气都会产生重要的影响。如果有人在网上传播不良信息或者掀起"口水大战"，一旦有人围观和参与，就会造成更大规模的"网络战争"或"网络事件"。

3. 在网上给自己留个好印象

已有研究表明，忽视网络礼仪很容易对他人造成困扰，从而引发网络骂战等不良后果，进而导致互联网秩序混乱，被他人拉入黑名单。

当然，关于网络礼仪的内容，还有很多值得我们学习，比如入乡随俗、尊重他人的隐私、分享自己的资源等等。《社交礼仪实务训练》一书中说："人们的生活越来越离不开网络，网络已经成为人们工作、学习、生活和娱乐的重要平台，也是真实的社会生活在虚拟世界的投影。真实世界需要礼仪和道德约束，网络生活也不例外。上网时遵守网络礼仪是很重要的，这样既是尊重他人，也是尊重自己。"

元芳带你看世界

在校园中，也许你看到过或听说过高年级的同学欺负低年级的同学，这就是欺凌，即恃强凌弱、以多欺寡及持续性地伤害他人的行为。而当欺凌延伸至网络中以后将会更加可怕，它们就像"看不见的拳头"，你甚至不知道这些致命的拳头来自谁。

网络欺凌是指个人或群体使用信息传播技术，通过电子邮件、即时短信、个人网站、网络论坛等方式或平台，有意地、重复地实施旨在伤害他人的恶意行为。从表现形式看，网络欺凌主要分为以下八类：（1）网络论战：用愤怒和粗俗的文字信息，试图挑衅或攻击某个人或群体，在网络上引起骂战。（2）披露个人隐私：在网络上公开他人的个人资料，包括家庭住址、工作单位、就读学校、电话号码、身份证号等。（3）在线骚扰：重复发送含有冒犯、粗俗和侮辱性的信息。（4）诋毁：在网络中嘲弄他人、散布谣言，或是利用图片、视频等恶意丑化他人。（5）冒名假扮：盗用他人账号并且冒充他人的名义发送信息，使用负面的、不恰当的言语来伤害其他人，或是发布虚假信息损害其他人的形象。（6）孤立排斥：集体故意排斥他人，将他人从好友列表中删除。（7）网络盯梢：利用电子通信工具，隐瞒自己的身份并持续性地发送具有骚扰或威胁性的信息。（8）恶意投票：在网络中举行或参与恶意的投票活动，如票选班上最丑的同学、班里谁最讨人厌等。

一本正经告诉你

网络欺凌的成本之低、蔓延之广让人胆寒。网络欺凌严重危害了青少年的心理健康。

　　受到网络欺凌的青少年会产生悲伤、愤怒、挫败、压力、孤独和低落等情绪，这些负面情绪的长期持续还会导致青少年的抑郁程度加深、自尊下降、无助感增加、社交焦虑加重和自我存在感降低。其次，持续的网络欺凌会增加受害者的攻击性和极端性行为，增加受害者滥用酒精和药物的概率。更有研究显示，曾经的受害者可能会反过来成为欺凌者去欺负其他人。同时，网络欺凌严重影响了青少年的人际关系和同伴交往，受欺凌者开始避免参与社交活动，从而加重了在校的孤独感和疏离感。对于处在学习阶段的青少年来说，网络欺凌会导致他们的学习成绩降低，注意力下降，增加逃课的发生率，进而导致多种学习问题。

　　古语有云：良言一句三冬暖，恶语伤人六月寒。希望青少年们能明白网络欺凌的危害，学会保护自己，更不要伤害他人。

网络交往那些事儿

社交网络是一个新兴事物，它促使人们跨越时间、地域进行交流，使得天南地北、志同道合的朋友可以随心交谈，使得陌生的人们能够在网络中找到心灵契合的灵魂……网络交往已经成为我们这个时代不可或缺的一个部分，只是，互联网究竟让我们的生活更热闹还是更孤独？在这个网络时代，我们如何才能获得一段高质量的网络友谊？本章将从心理学的角度来和大家聊聊网络时代的社交。

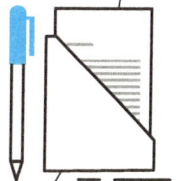

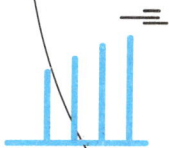

▶ 第一节　被拉近的距离

　　拿起手机，打开QQ，进入空间逛一逛；登上微信，点开朋友圈刷一刷，这似乎成了我们许多人的生活常态。或许我们可以忘记喝一口水，但估计忘不了随手给他人的照片与动态点个赞。

　　"《哪吒之魔童降世》上映了，你居然还没去看？"

　　"口碑爆表，敖丙简直帅呆了！"

　　"黑眼圈？烟熏妆？孤僻叛逆？怎么和我心目中的哪吒一点儿也搭不上边啊？"

　　……

　　在某个关于最新电影的讨论区，大家开始了肆无忌惮的互动与点评。讨论区的公告栏上醒目地写着：如果你也有兴趣，欢迎加入。

　　"您收到一条来自×××的好友请求，是否添加为好友？"

　　"×××申请添加您为好友，是否接受？"

　　……

　　就这样，我们的好友界面不断扩展，人数不断上升，不知不觉中我们已经身处一个复杂而庞大的网络社交圈。

　　从QQ、微博到微信，从亲人到同学，再到与陌生人建立网上关系，我们开启

了网络交际的大门。我们乐此不疲地关注着他人的状态，讨论着彼此感兴趣的话题，开启了与陌生人天南地北聊天的模式，我们在构建着自己的网络交际圈。

从我的朋友圈路过，你留下了一句话，一行字，一张图片，我机智地给你点了个"赞"……

心理 透视镜

网络交往是现实人际关系在网络中的延伸，它之所以吸引人，最根本的原因在于其能够帮助人们实现现实中难以实现的各种梦想，它是寄托情感的重要途径。人们在网络中建立的人际关系具有其独特鲜明的特点。

1. 网络交往的虚拟性

这是网络交往的首要特点。在网络中，人与人之间的依赖关系被人与网络的依赖关系所取代。经常上网的人，会因为某一方面的兴趣，不分国籍、地域、人种而找到知音，他们在虚拟世界里侃侃而谈，却与近在咫尺的长辈、亲戚、同龄人产生鸿沟。特别是网络成瘾现象的出现，令生活中的人际关系更加疏离，从而使人们在真实社会中的交往也出现虚拟性的特征。当然，也有一种观点认为，网络交往是现实交往的补充，是我们现实人际关系的延伸，有助于人际情感的沟通，会提高现实交往能力。

2. 网络身份自由化

在现实中，每个人的身份是相对稳定，甚至刻板的，人际交往的范围是有条件的，交往对象往往以相识和熟悉的人为主。但在网络空间中，所有的信息都会通过网络进行传达，人们的身份标识被逐步淡化，因而具有了极大的自由性。

3. 网络交往的开放性

网络社交打破了现实生活中人们只能面对面交往的局限，不仅使原来就已经相识和熟悉的朋友能够保持联系，还让陌生人之间有了相互了解和建立友谊的机会。比如，居住在不同国家和地区的人，只要拥有了上网设备和上网技能，便可以不受时空限制地与其他网民进行即时交流。

互联网颠覆了传统的人际交往模式，人们无须在意世俗的利害冲突，可以随时随地在更广阔的网络世界寻求情感的交流和寄托。

4. 主体参与匿名化

匿名是网络交往的一个重要特点，这与现实社会中"熟人社会"的特点截然相反。匿名对于网民来说意味着既安全又自由，因为匿名，所以我们可以丢掉自己的社会身份，摘下面具，它所带来的安全感是交往双方能够自由地表达自己的想法，而不必担心社会评价。

网络交往的匿名化，使网民之间有了较大的交往空间。每个人都可以任意勾勒出自己的人格轮廓，呈现出正面的自我形象；也可以卸掉伪装，各抒己见，畅所欲言，做一个路见不平拔刀相助的网民。

匿名还可以避免人与人之间在现实社会交往中常常会出现的尴尬现象。网络上，你可以主动与陌生人接触，对方并不觉得突兀，你自己也不会觉得尴尬。心理专家分析说，这就是互联网时代的好处，隐藏在网络账号之下的你来我往避免了面对面的人际碰撞，不仅有了回旋的余地，甚至给了彼此更多思忖言行的时间和空间。不同身份的人有了同样的权利，现实生活中的种种社交顾虑，在网络空间似乎一下就消除了。

解锁
新技能

网络交往是伴随着互联网的诞生和发展而催生出的一种新型交往方式。网络交往的虚拟性、网络身份自由化、网络交往的开放性、主体参与匿名化是网络交往的基本特征。那么，我们该如何解读在这种环境下的网络交往行为呢？

1. 焦点效应

焦点效应，也叫社会焦点效应，是人们高估周围人对自己的外表和行为关注度的一种表现。焦点效应是一种非常普遍的心理，青少年也不

例外。他们非常重视别人对自己的评价，在公共场合中，他们会觉得有无数双眼睛在关注自己。于是，他们也希望在网络平台上寻求更多的关注，比如，在微博这个开放的小舞台上，他们自由地表达着自己的喜怒哀乐，享受着大家的点赞和关注；在各大直播软件中，青少年逐渐成为职业主播的主力军，期待着"老铁"们在设备的另一端为他们"双击666"。

2. 满足归属感

归属感又称隶属感，是指个体被团体认可与接纳时的一种感受。现实中缺乏归属感的青少年很容易在网络社交群体中找到属于自己的位置。在一个小小的对话框里，来自五湖四海的陌生人互相发送着幽默的段子和奇思妙想，几乎所有想表达的内容都可以毫无顾忌地说出来。青少年更容易隔着屏幕与陌生人产生相见恨晚的感觉，"原来屏幕另一端是一个如此懂我的人"，因此游戏群、论坛、贴吧成为他们进行网络社交的聚集地。

3. 扩展交往的时空范围

任何交往都是在一定的场景中发生的，现实中的人际交往受场景的制约。但是，互联网消除了场景的边界，摆脱了场地的束缚，使跨越时空的交流、互动成为现实。

足不出户，我们就可以看到大千世界；身处异地，我们就可以和他人侃侃而谈；轻点鼠标，我们就可以畅游世界……可见，互联网为我们创造了全球化的交往环境。互联网不但在空间上彻底打破了媒介的地域性，把地球村完全连为一体，而且在时间上，数字化信息可以永久保存。

同时，互联网为青少年构建了互相往来的场所。各大论坛的出现、微博的发展为青少年提供了一个巨大的话语场。毕业后，天南地北的同学还能在班级群里相互吐槽；大家可以在不同地点、不同时间围观同一事件的发展；每个人还可以根据自己的兴趣爱好与他人互粉形成密切的关系。互联网的发展让新的行为模式和社会关系逐渐形成。

4. 平等交往的机会

社会地位的差异、生活方式的不同、文化水平的高低往往成为阻碍人与人之间交往的因素。而网络媒体排除了上述因素的困扰，建立起人与人之间平等和普遍的交往。"网络面前人人平等"并不是一句空话，对于某些群体而言，网络恰好为他们提供了一个平等表达自我的平台。

网络交往的平等性更多的是针对现实社会交往而言的，也就是说，相对于现实社会的交往，网络交往的平等性特征更为突出。由于不再受传统社会等级制度的束缚，每个人都可能成为话题的中心，没有人比其他人享有更多的特权，人与人之间的交流和交往便趋于平等。

同时，互联网空前的开放和自由，也使网络中的每一个成员可以平等地共享信息，进行平等的人际沟通，大大缩短了彼此的心理距离。

元芳 带你看世界

随着网络技术的飞速发展，信息时代的来临，网络交往已然深刻地影响着青少年的学习与生活。青少年的网络交往类型也呈现出多样化的特征，归纳起来，主要有以下几种：

游戏体验型的青少年往往认为网络交友只是一场游戏，对于网友的世界充满了好奇，但也没有太投入与认真。这一类型的青少年试图在互联网上寻求新的刺激和体验，缓解了其现实生活中被压抑的情感需求。真诚投入型的青少年由于现实的种种原因导致情感世界的缺失，转而借助网络工具丰富自己的生活，以求在虚拟世界寻觅知己。但是这一类型的青少年很容易在网络世界里迷失自我，一旦沉溺其中，便很难全身而退。自我实现型的青少年渴求实现自我，但理想与现实的差距使得这一类型的青少年难以摆脱这种失意的痛苦，从而求助于网络交往。因为在网络中，现实生活中的一切不开心可以被迅速掩盖，挫折与失败通过网络交往得到补偿，他们重新获得了心理平衡，实现了现实中不能实现的梦想。

关于社交网络"晒一晒"中的心理学

从心理学的角度来看，为什么人们会对"晒"这种行为乐此不疲？它究竟是一件好事还是坏事？

其实，这只是一种本能。

无论你"晒"的内容是人还是物，是生活体验还是心情感悟，它们都有一个共同点，那就是都与你有关，都是在向他人传递关于我们自己的信息。心理学家将这种行为称为自我表露。

人们似乎天生就热衷于将自己的信息展示给别人。据统计，在我们每天说的话里，有30%~40%是关于自己的；到了网上，这个比例可以增长到80%以上。自我表露是一种进化而来的本能，它可以为我们带来一些生存优势，比如拉近和他人的距离、获得反馈，让我们可以改进自己的表现。

我们在展示与自己有关的信息时，还可以从中获得一种快感。哈佛大学的研究者发现，当人们表达自己的想法，或描述自己的性格时，会激活大脑中与奖赏机制有关的区域，获得与享受美食类似的快感。为了有机会获得这种快感，被试甚至愿意放弃更多的金钱报酬。

可见，社交网络上的各种"晒"不是病，而是我们的自我表露本能在虚拟世界中的延续。社交网络让自我表露变得更加方便。在过去，如果我们想告诉别人一些关于自己的事，只能针对具体的某个人进行点对点的交流。在社交网络上，同样的信息却可以多线程扩散。我们知道，在几个小时甚至几分钟的时间里，我们"晒"出的任何东西就可以被成百上千的人看到。社交网络的这种属性，让自我表露的门槛更低、效率更高，同时也放大了它的心理快感。也许这就是人们乐此不疲地在网上"晒"各种东西的动力。

互联网心理：网络心理透视镜

▶ # 第二节　网络时代的交际圈

网络 那些事儿 --

　　2015 年，斯坦福大学联合剑桥大学公布了一项调查，数据显示，相较三次元真实的交际圈，二次元的计算机以及人工智能实际上更了解你。无论是个人喜好、生活习惯还是情绪变动，这些看似虚无的数据却如同一张巨大的网，总能更精准地感知你的一切，而出卖这一切的，就是我们平时最易忽略的那个"赞"。

　　据了解，2007 年至 2011 年期间，研究人员从开放性、尽责性、外向性、宜人性和神经质 5 个方面，通过 5 个评级的评价标准，汇总并调查了全美 86220 名志愿者的在线问卷调查结果，同时，研究人员也被获准直接获取志愿者脸书（Facebook）上的相关信息。研究发现，用户在脸书上对文章、视频、音频等内容的"点赞"程度，与用户自身的社会属性及人格存在着高度的吻合。

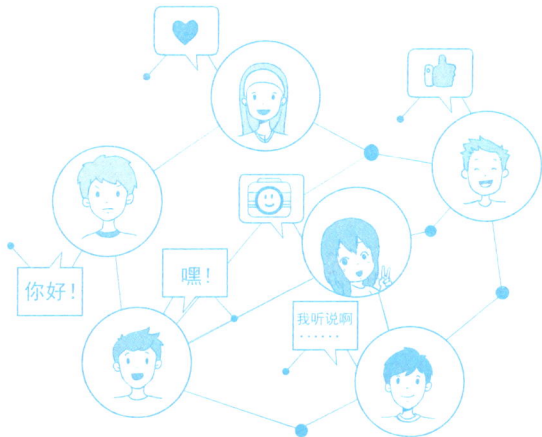

你好！　　嘿！　　我听说啊……

不仅仅是社交软件上的"点赞"，当我们将一言一行暴露在网络中时，我们也将自己的人格呈现给了他人。就好像在微信朋友圈，有人喜欢吐槽，有人喜欢晒照片，有人喜欢原创，有人喜欢转载，有人喜欢幽默的交流方式，有人喜欢严肃的对话……不同的方式展示了不同的人格特征。

你又会是哪种风格呢？

心理透视镜

如今，网络搭建了一个展现自我的平台，一个人在社交网络中的形象已经成为个人品牌的象征，这也使得我们格外在意自己在社交网络上的个人形象。

在英剧《黑镜》系列里，对未来有这样一些畅想和设定：在未来的世界里，他人对你的评分可以决定一切，决定你能住上什么样的房子，享受什么样的服务，能否接受癌症的治疗。我们的女主角因此而竭尽全力地构建一个能够获得五星好评的自己，每天起床便对着镜子练习微笑，即便心里翻着白眼，也要对上流阶级笑脸相迎，这一切只是为了展示最光鲜、最希望别人看到的自己，获得对方的好评。

在类似人人网的实名制社交网站上，用户多存在自我形象管理，也就是希望将自己受欢迎的、优秀的一面展示给他人。例如，上传自己拍得很好看的照片，把人们认为是最好的一面展现出来，以期获得更多的支持和赞同，提升自己的名声地位；分享最近新学到的烹饪技巧，抑或是最近体会到的生活感悟；等等。

正如奥斯汀·克莱恩所说，人人都在晒，凭什么你出彩？在这个信息多到压得人喘不过气来的时代，我们应如何进行网络形象管理，把自己最好的一面展示给大家呢？

1. 网络社交不设限

那些朋友圈完全开放的人，往往活得坦然。他们对自己有深刻的认识，不会因为别人的奉承而飘飘然，也不会因为别人的三言两语而怀疑和贬低自己。真实的自己就是这样，何必在乎别人的评价？

2. 正视自己的网络形象

网络形象已成为一个人的隐形简历，在朋友圈等社交平台分享的图片、文字其实无时无刻不在暴露我们的兴趣、爱好、能力，甚至情商。精修一组照片，从布局、拍摄、修图到最后发送都要花半小时以上，相信很多人没有这个耐心和坚持，但又要为看到的人呈现最佳的视觉状态。高情商的人懂得如何打造这份简历，而低情商的人选择了封闭，白白错失了机会。网络形象就是一张流动的名片，经营好了，可以拓展自己的人脉，关键时刻给你的资本加码。

有的人会觉得在别人面前塑造一个精心雕琢的形象显得很刻意，然而良好的形象是人际交往中的一张名片，每发一次朋友圈都是一次向别人免费推销自己的机会。

3. 头像尽量保持稳定性

尽量选择一张自己满意的图片作为头像且不要轻易更换，让别人能够第一时间找到你，不仅可以避免一些不必要的麻烦，同时也传递给别人一个信息——我一直在这里，这跟那些数十年没换电话号码的人一样更值得别人信任。

4. 呈现出对生活的态度

简单积极的生活态度才能收获正能量，如果你的朋友圈给别人传递的是积极的正能量，你也一定会受到别人的认可和喜爱。千万不要把网络当作自己宣泄情绪的垃圾桶，给别人带去满满的负能量。

解锁 新技能

人格影响了我们在网络交往中的表现方式，网络交往也反过来给不同人格的个体带来了不同的体验。

1. 逆袭的网络人格

放下手中的工作，打开电脑，我们成了他人眼中的"高富帅"和"白富美"。

平日里内向的你在现实中害羞得连话都说不清楚，而一旦到了网上，自己都会惊讶自己的健谈和热情。不知不觉中，我们开始成为另外一个人，以另一种人格出现在虚拟世界中。

斯坦福大学精神专家阿布加欧德在他的《你以为你是你，其实你不是你》一书中说，并不是关上电脑就没事了，在互联网时代，每个人都至少有另外一种人格——网络人格，他比你活得更久、走得更远、认识更多的人！

当我们所有人沉浸在网络交往的喜悦中时，我们的网络人格开始慢慢形成，并且成功逆袭了我们的真实生活，影响着我们生活的各个方面。

2. 内向者的苦与乐

网络交往给内向型人格的个体带来了希望的曙光。没有面对面的对视，没有眼神的交流，也不会形成任何心理负担和情感压力，内向型人格的个体在这样的环境中得到了极大的放松和满足，还可以建立良好的网络社交圈。然而，内向型人格的个体也是容易网络成瘾的群体。网络交往让内向型人格的个体更倾向于依赖和沉溺其中。

美国不列颠心理学会的调查表明，年龄在 20~30 岁之间、性格内向的年轻人最容易对网络产生依赖。长期沉迷于网络交往会导致现实自我的扭曲，自我效能感下降，性格变得越来越孤僻。同时，网络自我与现实自我不相配的心理落差，让内向者更加逃避现实，从而导致各种人格障碍或心理问题的出现。

3. 外向者的喜与悲

外向型人格的个体具有先天的交际优势，网络交往让他们巩固现实交际圈的同时，也不断拓展了他们的交往范围和对象。不仅如此，通过网络交往，外向型人格的个体可以接触到更多新奇的事物，体验更加丰富的网络交往经历。比如关注公益活动、参加集体骑行或者志愿者活动等等。

只是，网络交往是一种开放性的交往活动，没有边界的限制、文化和观念的束缚。面对这样宽松的环境，接触到大量信息的外向者很容易陷入选择的漩涡。面对铺天盖地的信息，青少年如果只是表面地、肤浅地接受"快餐文化"而不去追求深层的文化底蕴，很容易形成表面的思维习惯，更有可能过于简单地吸收新事物而走上违法犯罪的道路。

元芳带你看世界

根据《第 46 次中国互联网络发展状况统计报告》，90 后用户在 2020 年 7 月达到 3.62 亿，超越了 80 后成为互联网的主要适用人群。90 后，尤其是 95 后对互联网的黏性更强，这些年轻人正在成为互联网的主力军。

调查显示，QQ 空间是 95 后最常用的社交平台，同时，微博、虎扑、哔哩哔哩（简称 B 站）等社交平台也正在成为国内 95 后进行网络社交的主战场。

资深互联网分析师王刚认为，这些产品的高活跃度与其用户的年轻化有着紧密的联系。在国外红到发紫的色拉布（Snapchat）虽然至今尚未公开具体的用户数据，但透露了其主要的用户群是"介于 13 到 25 岁之间的年轻人"，换句话说就是 95 后。

"在未来的 5 到 10 年间，90 后、95 后人群将成为互联网最主流的用户。"王刚表示，对于"用户即规模"的社交媒体公司来说，新一代用户已然成为测试社交圈潮流导向的风向标。就像扎克伯格在收购

第四章　网络交往那些事儿

Oculus 的电话会议中说的，脸书并不是在买产品，而是在投资未来的用户群。

一本正经告诉你 ------------------------------------

从 3 个实验来看社交网络，你真的了解吗?

1. 社交还得看脸

别再用什么内涵、气质这些词来忽悠自己了，你真的只愿意和长得好看的人约会。

某个国外社交网站对它的用户进行了一次实验，为了研究外貌在交友中的重要性，该网站在 2013 年的盲目情感日（Love is Blind Day）这一天擅自移除了所有用户资料中的照片。不出所料，该网站流量瞬间严重下滑。

而在另一个实验中，该网站让用户分别给其他用户的长相和品德打分。研究发现，用户对照片的关注度要远高于文字。那些长相有魅力的人，即使个人资料几乎空白，也可以在品德评估中获得高分。

2. 朋友圈里晒幸福，多多益善

对相貌上不占优势的人来说，营造一个合适的心理暗示也可能成为俘获对方的重要砝码。

我们很容易认为，如果朋友圈的好友总是炫富秀恩爱，天性妒忌的人多多少少会感到不爽。而在脸书的情绪实验中，用户所发布的情绪色彩与其社交圈中的情绪色彩更趋向于相同。也就是说，如果有一天早上，你刷朋友圈，发现每个人都在抱怨北京的天气实在太糟糕，你也很可能会发一条"糟糕"的状态。

在线消息影响我们的情绪体验，而在线的情绪体验又会影响到我们线下的实际行为。这么说来，如果你想拥有一个平静的心情，不妨适时关掉你的社交软件。

3. 不同圈子的好友，一起忽悠最有杀伤力

你是一个有很强的自我意识的人，拒绝任何不靠谱的推销，当你的七大姑八大姨都说一个东西好时，你表示不屑，但如果你的同事、同学、朋友等不同圈子的人天天都在说时，你还把持得住吗？

美国康奈尔大学的社会学家乔恩·克莱恩伯格在脸书上进行了一项实验，从脸书的数据库中调出了 5400 万封电子邮件加以研究。分析结果显示，一个受邀者接受一个好友的邀请后决定加入脸书的概率，和他接受了四个好友的邀请后决定加入的概率没有差别。但是，邀请者所隶属的社交圈子的数量则对最终结果有着直接的影响，数量越大效果就越好。

也即是说，如果四个邀请者分别来自不同的圈子（比如受邀者的同事、朋友和家人），比他们全都来自同一个圈子的效果要好很多。

第三节 越社交，越孤独？

　　哈佛大学社会学和人格心理学博士雪莉·特克在她的新书 *Alone Together* 中写道：现在大多数人会做的事情，过去可能会被认定是病态行为。社群网站营造了更好的人际沟通，其实这是错觉，它实际上让人们更加孤立。她指出，虽然我们有了越来越多保持联系的工具，但我们依旧孤独。

　　"加我微信吧！"这是当下最主流的网络社交手段。

　　网络社交的势力范围越发广泛，不仅逐渐取代了传统的电话联络，甚至渗入了线下真实的生活圈，悄然改变当下民众的社交生活。

　　从表面上看，网络社交平台扩大了交际圈，降低了人们的孤独感，但事实上，网络社交越是聒噪，人们反而越容易孤独。英国伦敦大学的一项调查结果显示，在社交网络伴随下成长的年轻一代虽不乏网络社交达人，但他们中不少人在现实生活中感到孤独，不爱出家门，缺乏社交能力，有的甚至"不敢接电话或应门"。

　　"我的好友人数很多，但我的朋友很少。庆幸我生在互联网时代，但不幸的是我并没有感到很开心。谁能看到我的孤独？"

　　你是否有同样的感受呢？

心理 透视镜

你是否每天睡觉前一秒，都刷新着各大社交软件，生怕错过重要的消息？你是否每天醒来第一秒，就翻阅着各大社交软件，查看着错过的消息？网络交往如此繁忙的我们，为何仍然会感到孤独呢？

1. 孤独特质

已有心理学研究发现，对于高孤独特质的个体，面对面的沟通能降低其状态孤独，相比之下，社交媒介的沟通反而会导致其状态孤独的增加。

心理学家曾以儿童和青少年为被试，比较自我报告孤独与否的两组人在互联网使用倾向上的不同。结果表明，与自我感觉非孤独者相比，自我感觉孤独的青少年更频繁地使用互联网进行人际沟通。但这种选择导致孤独者更容易偏离健康的社交活动，最终导致更孤独。

2. 人格的差异

人格是一个人区别于他人的相对稳定的结构组织。不同人格特质的人受网络社交的影响也不同。外向性、宜人性、谨慎性、开放性和情绪性是小五人格问卷的五个维度，适用于测量青少年的人格特质。

国外的研究发现，外向性和宜人性得分高的个体，越不容易产生孤独感；而情绪性得分越高（情绪越不稳定）的个体，越容易陷入孤独。

3. 青春期的心理断乳

心理学家将青春期到青年初期这一年龄段称为"心理断乳"时期，这一时期给青少年带来了很大的不安，内心冲突及在现实中所遇到的挫折都较多，对许多问题还不能依靠自己的力量和能力去解决，又不愿求助父母或其他人，因此就产生了孤独的心境。

4. 自卑的影响

每个人都会有自卑的时候，这是一种正常的心理现象。适度的自卑感有助于我们更好地了解和完善自己，但是过度自卑会让我们陷入困境。

线上口吐莲花，线下沉默寡言或许是许多自卑者的典型表现。自卑

的人在网络社交中如鱼得水，而一旦回到现实生活中，就变得畏首畏尾，谨言慎行，难以建立良好的人际关系，最后还是无法摆脱孤独感的困扰。

奥地利著名的心理学家阿尔弗雷德·阿德勒在他《超越自卑》一书中写道：每个人都有不同程度的自卑，因为没有一个人对其现时的地位感到满意；对优越感的追求是所有人的共性。然而，并不是所有人都能妥善处理自己的自卑心理。很显然，那些在现实生活中过度自卑的人在网络社交中走向了孤独。

5. 动机的选择

不同的网络使用动机对个体会有不同的影响。国外有研究者纵向考察了青少年的脸书使用动机和孤独感的关系，结果发现，由社交技能补偿动机引起的脸书使用行为反而会增加孤独感。

6. 不"和谐"的亲子依恋

亲子依恋与孤独感之间的关系密不可分。研究者普遍发现，亲子依恋的安全性越高，儿童的孤独感水平越低。

有些青少年因为早期的亲子依恋质量不高，出现了一些严重的心理问题，因而难以在网络交往中获得真正的情感寄托和帮助，认为没有人可以理解他们，最后只能深陷泥潭无法自拔。

解锁新技能

网络聊天并不一定会让我们越来越孤独，只是我们在自身的成长过程中出现了一些问题，以及与生俱来的独特气质使然，因此我们需要对症下药。

1. 克服自卑

网络交往中产生的孤独源于现实生活中的自卑。虽然我们在线上表现得得体大方，但回到现实中，自卑心理使得我们无法复制和移植网络上的行为。

但自卑并不可怕，有时候反而能成为我们改变的动力。如果我们愿意努力做以下几件事情，或许会有意外的收获。

（1）回忆过去的闪光点

积极心理学强调，把注意力放在哪里，哪里就会成长，回忆成功的经验和过去的闪光点能提升自信心和正能量。美国心理学家露易斯·海认为，通过自我肯定和做擅长的事，能提升自我价值感。

（2）做自己的伯乐

阿德勒自小就驼背，而健康活泼的哥哥令他自惭形秽。但他奋发努力，最终成了著名的心理学家。他认为，自卑能使人振作，以补偿弱点。做自己的伯乐，发现自己的优点，及时激励自己，自信心就会大增。

（3）多照镜子

美国心理学家布里斯托表示，照镜子能给人信心。早上，不妨笔直地站在镜子前，看着自己的眼睛，微笑着告诉自己"你看上去真棒"。或者想想开心的事，体会与心灵对话的美好感觉。

（4）直视他人

不敢正视别人是心虚、胆怯的表现，因此，我们可以经常提醒自己正视别人，用温和的目光与别人打招呼。这种练习不仅能增强亲和力，还能赢得别人的信任，强化自信。

（5）让步履轻松稳健

调整步态可以改变心理状态。挺起胸膛，让步履轻松稳健，你的自信心就会增长。

2. 多与外界交流

网络交往并不能彻底消除我们的孤独感，我们需要尝试着走出去，在日常的生活里与周围的人和物进行互动，才能慢慢摆脱困境。

孤独的生活并不意味着与世隔绝，虽然客观上与外界交流会有一定的困难，但我们依然可以通过某些方式达到交流的目的。如当你感到孤独时，可以翻翻旧日的通讯录，看看你的影集，也可以给某位久未联系

的朋友写信。当然，与朋友的交往和联系不应该只是在你感到孤独时，要知道，别人也和你一样，需要并能体会到友谊的温暖。

3. 亲近大自然

网络交往与孤独感之间的关系并不明朗，可能是单向作用，也可能是相互作用的恶性循环。但解决问题的根本措施还是回归现实。或许，我们可以从大自然中找到释放和解脱的途径。

生活中有许多活动是充满乐趣的，只要你能够充分领略它们的美妙之处，就会逐渐消除孤独感。如有些人遇到挫折，心情不好，但又不愿与别人倾诉时，可以跑到江边或空旷的田野上，尽情感受大自然的美好，心情就会逐渐开朗起来。

4. 学会调节自己的心情

古语有云，天生丽质难自弃。当我们带着与生俱来的孤独气质出生时，我们只能学着调节自己的心情。我们可以培养自己的兴趣爱好，积极参加各种户外活动，避免一个人长期独处，慢慢适应与他人相处。

元芳带你看世界

你知道吗，网络交往可能使我们变得更孤独。一系列的研究表明，虚拟的社交并不能真的扩大你的交际圈，相反，网络社交越频繁可能越感到孤独。尤其表现为与家人的联系和交流明显减少，对家庭关系的影响最大。

除此之外，网络交往还会降低亲密关系的满意度，原因在于它会催生嫉妒和怀疑。例如，社交网络信息的模糊性会引起伴侣更多的猜测和想象，同时也会减少与伴侣的相处时间。在网络社会中，人与人之间的依赖关系被人与网络的依赖关系所取代，有可能会导致现实人际关系的疏远，造成人际关系的冷漠和心灵的隔阂。

网络交往不具备更深层亲密感的基础。美国心理学家哈洛的恒河猴实验证明，身体接触对婴猴的发展甚至超过哺乳的作用，接触带来的温暖和安慰，是爱的重要组成元素。然而，网络的跨地域性并不能提供这种肌肤的接触感，网络上的一个拥抱，永远不能代替真实世界里一个实实在在的拥抱。

网络交往虽然可以帮助我们忘却一时的现实烦恼，找到暂时的情感寄托，但多数情况下，这种情感交流的真实性远不如现实社会中的人际交往，不能真正消除我们心灵的孤独，反而容易使我们对现实中的人产生更大的疏离感。

一本正经告诉你

网络上曾经流行这样一句话：孤单，是一个人的狂欢；狂欢，是一群人的孤单。当我们置身于看起来很热闹的人群中时，当我们为了某些目的而进行浅层的交流时，你一定有过这样的感受：内心毫无波澜，但是为了融入集体，你尴尬而不失礼貌地笑了；在团体中，大家都说好，你有反对意见，却决定做一个沉默的少数派；关系到自己的事情，在他人的左一言右一语下，你又变得摇摆不定，迷失了自己……手机通讯录里的联系人越来越多，微信里的好友分类越来越满，要参加的饭局排到了日程表的下一页……当下的我们，为了不计代价地逃离孤独，最后却

深陷于更无形的孤独旋涡中，那是一种叫人群中的孤独。

　　这种孤独感，背后可能有这样一种原因：你是内向型人格。内向型人格倾向于安静低调、深思熟虑，这样的人大多愿意独处而不是与他人共处。

　　或许还有这样一种情况，身处人群中，难免会在内心形成期待，期待从外界获得理解，期待感同身受，但事实往往不尽如人意，期待越大，失望便越大。因为即便是至亲挚爱，也会有无法消除的隔阂。不被理解，无法认同，但又不得不一个人奋战，这大概就是我们在人群中也会感到孤独的原因吧！

第五章

网络里的我们

　　"游戏""主播""顶贴""众筹""粉丝""互撕"……这些词你看起来眼熟吗？如今它们已频繁地出现在我们的网络世界里。2019 年的"乔碧萝殿下"你们听过吗？ 2020 年的"肺炎患者求助"超话呢？这些事情在网络上引起了广泛关注，其中有欢笑也有感动，有愤怒也有理智。为何人们会有如此矛盾的情绪呢？因为很多时候，我们在网络中是以群体的形式存在的，而本章将会为大家一一解剖我们在网络世界中的行为是如何受到群体影响的。

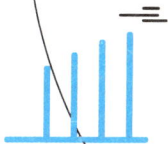

第一节　我的部落，我的联盟

　　"我这把想玩中路，帮我禁掉对方的亚索。"听起来熟悉吗？你可能在打《英雄联盟》（简称 LOL，一款多人线上竞技类游戏）之前选英雄的时候说过或者听到过这句话。2011 年 9 月,《英雄联盟》国服发行，如今玩家们的游戏界面十有八九是英雄们在召唤师峡谷里对战。

　　有很多人在刚开始的时候并不了解这款游戏，他们依旧会选择自己经常玩的游戏；也有很多人当初并不爱玩这款游戏，认为里面角色众多，玩法复杂，队友还坑，更没有体验感。但这款游戏从最开始的发行，到如今作为一项电子竞技运动加入亚运会，最后风靡全球，其成功是显而易见的。那么我们是如何一步步受到环境的影响，参与到游戏中，不断壮大这个"联盟"的呢？究竟是什么心理在"作祟"？

"这个世界上能最快拉进两个陌生人关系的游戏可能是《英雄联盟》，只要不谈及'亚索'。"尽管这只是一句对游戏的调侃，但也是对一种人际交往方式的反映。

当我们在课间休息时，听着隔壁座位的同伴在讨论"亚索""瑞文"和"盲僧"等等，我们很有可能会好奇他们在说什么，或者加入他们的谈话。如果再次坐到电脑前选择一款游戏，我们可能会选择《英雄联盟》。当我们正准备开一局游戏，队友说新出的英雄很难操作但很厉害时，我们很有可能会去了解这个新的英雄并努力熟练地操控它。这就是社会认同原理在发挥作用。

1. 什么是社会认同

社会认同就是指当人们不知道怎样做才正确时，经常依靠其他人的行为来决定自己应该怎么做，人们会乐于参照别人的意见，根据别人的意见行事。社会认同也有负面的例子，比如在"小悦悦"事件中，18 名路人竟无一人主动上前救助，直到拾荒阿姨陈贤妹伸出救援之手。事件曝光后，社会舆论对这 18 名路人进行了强烈谴责，人们也体会到了社会冷漠的一面。其实，事件中的路人受到了社会认同的影响，即便他们感觉到了路上有人出现了异样，但多数人也会先观察、感受周围人的反应，从而做出自己相应的反应，以避免在公众场合做出令人尴尬的举动。

2. 网络的"加持"

社会认同在网络上更容易出现。例如我们常进行网络购物，在付款前会思考这家店的东西质量好不好，店铺的信誉高不高，物流的速度快不快，再进行下一步的购买。网络是一个虚拟的世界，很多东西我们无法判定其好坏，因而会根据大多数人的意见——比如评论和评分——来决定我们的购买行为。

3. "为了部落！"

在我们社会认同的背后，还有一个词叫作群体。群体动力学家肖在

1981 年把群体定义为两个或更多互动并相互影响的人。社会群体中的成员拥有一种归属感，并且会因为对群体的认同而重新认识自己周围的成员。"为了部落"是《魔兽争霸 3》里的一句经典台词，它往往代表着魔兽玩家的认同感。正是因为有了对群体的认同，在网络世界中，我们才经常看见许多"粉丝"。虽然"粉丝"团体本是基于喜欢某一类人或物而聚集起来的，但不同的"粉丝"团体之间常常处于相互对立的状态，甚至出现在网络上谩骂侮辱等过激行为，而这样的行为有时并不仅仅是一个人所为，更多的是以一种网络群体的形态出现在我们眼前。之所以会出现群体相互对立的状态也是因为社会认同的存在，人们往往会更加认同自己群体内的成员，而对群体外的成员会产生更多的偏见。

因此，无论是在现实生活中还是在网络世界里都会由于社会认同而产生归属感，但我们一定要注意传播正能量，避免社会认同的负面影响。

解锁新技能

社会认同带来的影响是广泛的，有利有弊，但是我们在面对一些危险的情况时，为避免遇到类似"小悦悦"事件的社会认同原理，我们该如何去做呢？

1. 准确告诉对方需要做什么

首先，我们要避免社会认同原理带来的不确定性。一方面，因为人们不确定自己的行为，所以会参考别人的行为；另一方面，由于有其他人在场，社会责任会被分散，所以很少有人愿意承担责任，这就像"一个和尚挑水吃，两个和尚抬水吃，三个和尚没水吃"。回想一下上课的时候，当老师提问时，大多数同学都会埋下自己的头，但只要老师说出"第 × 排第 × 列的同学请你回答一下问题"的时候，这位同学就会站起来了。因此，当我们处在特殊的情况中，且有一定的能力时，一定要精确地告诉某个人你需要他做什么，比如在紧急场合中告诉一名拿着手机戴着帽子的人让他赶紧拨打救助电话，如此一来，责任被指定到特定的人身上后，

就可以促使他执行任务，进一步帮助他人。

2. 排除不利的影响

如果你是一名"粉丝"，当你在网络世界中遇到"粉丝"团体之间的相互谩骂诋毁时，应该怎么做呢？作为群体的一员，我们要清楚地明白自身的责任，能在群体内宣传积极、文明、正能量的群体行为规范，从而约束群体内其他成员的言行举止，由内而外地让群体成员明白群体内部的行为和规范。如果你作为群体的组织者，更要注意营造良好的群体氛围，产生更多的社会认同，懂得试着将群体内的一些不安分子剔除出去，由此警告和提醒其他群体成员要有一定的规范意识。这有点儿像是"杀鸡儆猴"，从而也会给想以同样方式挑起矛盾的人一个警示，进一步约束其行为。

3. 学会换位思考

社会认同同样会影响到我们的社会舆论，很多事件我们都可以看到网友们一边倒的行为，比如在某位明星的微博评论里，不难看见诋毁谩骂的情况；在某一社会热点新闻的评论中，也不难看见一边倒或者两边吵的情况。面对这样的情况，我们该如何去做呢？又该怎样不完全被社会认同所影响呢？其实很简单，在新媒体时代，每个人都有发言权，我们都可以针对某一社会热点进行评论。不妨试一下，在你看见一些热点而感到愤愤不平时，先考虑一下事件的真实性，多听当事双方的观点，站在当事人的立场、站在不同的角度去思考问题。

说了这么多，正在阅读的你还有更好的方法吗？

元芳 带你看世界

合作的"陷阱"

大多数的网络游戏对玩家都有合作的要求，例如《魔兽世界》《永恒之塔》和《剑灵》等游戏的副本都需要玩家组队；《英雄联盟》这种竞技网游，直接以组队PK的形式进行。其实当我们在游戏中进行人际交往的时候，就已经悄悄地落入了合作的"陷阱"里。

如果你有一个朋友，你们之间感情深厚，福祸与共，突然有一天让你离开对方，你愿意吗？这就是游戏合作中的一个"陷阱"——你投入的感情。在游戏中，无论是双人组队还是团队作战，你都可能在长期的参与中逐渐与对方或者自己所属的组织产生密切的感情联结。这是我们作为人与生俱来的能力，在最初的时候我们和自己的父母建立起情感的联结，随着我们长大，又会和同伴、老师、恋人、同事建立起情感的联结。我们对身边各种各样的人都有可能投入感情，正如你可能更想和游戏工会里的朋友一起打副本一样。

这样的情感联结带来的后果之一就是：一旦你想要从游戏中抽身，投入现实生活中（也许快考试了），却发现你的精力和感情都不知不觉地投入在了游戏里的朋友身上，而自己的现实生活管理可能一塌糊涂。

那么，你打算如何平衡自己的现实学习生活和游戏娱乐呢？

一本正经告诉你

承诺一致性

前段时间，朋友圈里冒出很多学习打卡的链接，相关文字是"我今天读了一篇文章……"或者"我今天学习了45分钟……"，然后你就会看到，那些经常分享学习链接的人，总是在分享各种东西。你可能会好奇，他们为什么可以坚持下来呢？这里面有可能是"承诺一致性"在起作用。

当你对某件事情做出承诺后，你的行为就会不知不觉地按照你的承诺进行，这就是心理学中的"承诺一致性"。当他们在朋友圈发出第一条学习链接时，就相当于做出了承诺。如果不继续分享第二次，就会显

得言行不一致，担心自己被"标榜"为"不守信用"的人。这很适合用于自己想要做一件事却迟迟没有行动的时候。

如果想要让自己的言行更加一致，你还可以运用以下"小技巧"：第一，公开地表达出你的承诺，让别人都知道。第二，主动地做出承诺，遵从自己内心想要做的事。例如，当你想要避免一些不好的社会认同，又有点儿手足无措的时候，大声说出你的承诺，你会获得对抗这些社会认同的力量。

第二节　网络世界的一缕阳光

网络那些事儿

2020 年是全世界都被卷入新型冠状病毒肺炎疫情的一年。为了更好地配合疫情防控，我们积极响应国家的号召，坚守在家。于是网络成了我们的羁绊。

随着疫情的扩散，微博上关于疫情的求助帖子日益增多。面对越来越多的用户求助和网友关注，2020 年 1 月 29 日新浪微博开通了"肺炎患者求助"超话；2 月 4 日，新浪微博联动武汉地方政府、央视新闻与人民日报官方微博，开通了新冠肺炎患者求助专区，只要患者及其家属在超话中留下详细信息，相关政府部门就会通过专门的通道与求助者进行对接和核实，让患者得到及时妥善的安排和救治。

一石激起千层浪，有了这个希望的通道，网友们纷纷进入超话转发求助的微博，以便让更多的人看见，并进行捐助活动，鼓励患者们坚持下去。"肺炎患者求助"超话创建 7 天内，发帖量就接近 500 条，阅读量超过 5.5 亿，越来越多的人得到了关注和救治。

这些帮助对于新冠肺炎患者及其家属而言，是来自网络世界的一缕阳光。你呢，你曾感受到过来自网络世界的温暖吗？

"肺炎患者求助"超话开通了……

这里是××社区……

加油！

一切都会好起来的！

1. 看不见的"回报"

从上面的例子中我们不难发现，并不是所有转发了求助信息的网友都会得到感谢，也并不是每一位在网络上伸出援助之手的网友都获得了具体的物质回报。但我们可以换一个视角去看待："赠人玫瑰，手有余香"，那些得到帮助的人，他们的回馈是感激和健康。有许多得到救助的患者及其家属，后来回到了超话里对所有伸出援手的人表达了感谢，这些感谢对于助人的网友而言就是最好的回报了。正因为有这样的"给予"和"回报"，人类社会才能维持平衡。这样的视角其实是基于社会交换理论来解释的。

2. 潜在的"公平"

社会交换理论认为人际交往活动具有社会性，当个体做出某种行为时，必定会引起交往者相应的行为。交往活动实际是一种直接的、随即发生的交换活动，换言之，人们之间的交往关系可以当作一种简单的经济交易关系，包括物质上的交换和精神上的交换，通过这种交换，可以维持交往双方关系的一种"公平"。

3. 雪球是怎么越滚越大的?

因为网络的快速便捷，网络世界的积极作用在不断扩大。比如，网络世界中资源共享是必不可少的，它是基于网络的资源分享，是众多的网络爱好者不求利益，把自己收集的资源通过一些平台共享给大家，让更多的人受益。比如B站或者抖音等平台，就有许许多多幕后的网民利用自己的专业知识或者专业技能来翻译或剪辑视频，从而分享给网友，让更多的人接触到不一样的世界，也让更多的人看见许多优秀的作品。同时，这些作品激发了更多的人参与进来，分享他们的心得和经验。他们只有付出吗？并不是。他们收获了关注，收获了赞赏，甚至可以在关注者的建议中，完善自己的知识和技能，变得越来越优秀；或者当他们需要什么的时候，能够因为自己的付出而得到自己想要的东西。正是在这你一言我一语的基础上，有着这样的交流平台，有着这些分享者，才使得网络世界更加丰富多彩。

4. 群体的交往

疫情暴发期间，许多患者及其家属待在家里，很难及时向忙碌的社区疫情防控人员及志愿者上报自己的情况，因此便捷开放的网络成为情况反馈的另一选择。微博开通"肺炎患者求助"超话也正是因为越来越多的人出于同样的诉求而聚集在一起，形成了一股不容忽视的力量，反映了这个群体的需求，进而使他们得到了关注。同样地，也正是因为无数网友对疫情和患者的关注，才使得患者群体的诉求被看到、被转发，并得到救治。这些事情的发展都离不开群体的力量和交往。

解锁新技能

1. 互惠还是奉献？

读到这里，你是不是会疑惑，为什么上面提到的社会交换理论，把人与人之间的相处当作一种利益的交换，即便这种交换是情感的、非物质的？这是因为社会交换理论也存在一定的局限性，这与其提出的历史背景有关。社会交换理论反映了一定的资本主义社会中人们之间赤裸裸的交易性质和冷酷的人际关系本质。西方学者在研究的过程中，更偏向于个人主义的文化传统，所以会涉及自我、互惠等理念。而在中国传统文化中更强调群体和社会的整合，很少从社会交换的视角看待问题，更多的是注重群体，牺牲小我，成全大局。所以我们更倾向于寻找群体、加入群体然后认同群体，成为其中的一员，并为了最终最大的群体而奉献自己。

2. 感情还是物质？

在与人的交往中，我们应该怎么做才能维持与他人的良好关系呢？基于社会交换理论，我们可以探究自己的人际关系是否存在"公平"。因为人们的价值倾向不同，人际交往中就会存在不同的交换机制，例如增值交换和减值交换。比如，对注重感情的人而言，他们在人际交往中

会投入更多的感情，会重感情而轻物质。当他们觉得自己欠了别人的情分，回报他人时就会超出对方的期望，所以这类人与他人的交往往往倾向于增值交换，使交换双方都会感到得大于失。而对于注重物质的人，他们往往更想要物质利益而非情感，所以更倾向于用物质来衡量人际交往中的得失，他们就会出现减值交换，会觉得自己在与人交往的过程中经常吃亏，从而在对别人的交往行动做出回报时，往往低于别人的期望，以致交往的双方最终都感到失大于得，同对方的交往不值得。因此当我们与人交往时，应该多注重感情的投入而轻物质，真诚交友，这样双方都能从这段关系中获益，稳定的人际关系自然能得到保持。同时，我们也可以多做一些亲社会行为，把社会当作"人"，那么社会自然也会回馈你想要的东西。

3. 为自己找到强大的后盾

许多人活跃于网络世界中，并且能够寻找到与之相似的群体，正因如此，才会有那么多的人能够在网络世界中寻找到积极的能量，这其实就是网络群体的归属感。我们以这个群体为出发点进行自己的活动、认知和评价，自觉地维护群体的利益，与群体内的其他成员产生情感上的共鸣，从而得到情感的满足。受到这种情感的影响，自然会衍生出群体内聚力，一个群体的内聚力越高，其成员就越遵循群体的规范和目标。因此，我们可以多正面地评价自己所在的群体，找出它的闪光点，增强自己的归属感和责任心；也要偶尔站到对立面，看到群体的不足，提出建设性的意见让群体变得更好。这种情感的联结可以在生活中的任何时候成为我们强大的后盾，哪怕是在网络世界中，也会是一束照进我们现实生活的阳光。

那么你是否能够在网络世界中为自己寻找到一缕阳光呢？

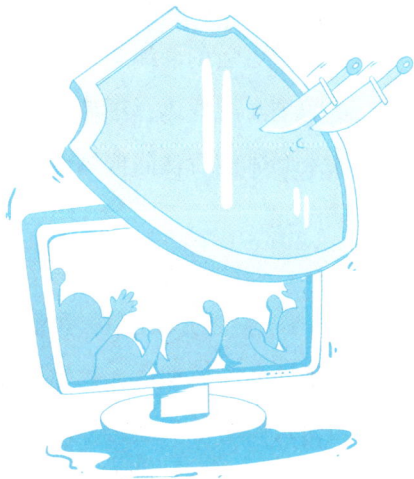

元芳带你看世界

是善意还是娱乐？

2016 年 11 月底，一篇名为《罗一笑，你给我站住》的文章刷爆了朋友圈。这篇文章的作者罗尔有个 5 岁的女儿罗一笑，2016 年 9 月 8 日，罗一笑查出患有白血病，罗尔开始在微信公众号上记录一家人与白血病"战斗"的历程。

文章发到朋友圈后，引起了大家的关注，网友们纷纷为这个小女孩的医疗费慷慨解囊。"我的公众号关注者也逐日上升，突破了一千，又突破了两千。文章赞赏金也收获颇丰，到 9 月 21 日，关于笑笑的几篇文章赞赏金已达 32800 元。"在记者进行采访时，罗尔这样说道。此前，在罗尔的微信公众号中，他曾提到与朋友讨论如何为笑笑筹集医疗费。"我们商量的结果是，由侠风整合我为笑笑写的系列文章，在小铜人的公众号 P2P 观察里推送，读者每转发一次，小铜人给笑笑一块钱，文章同时开设赞赏功能，赞赏金全部归笑笑。"

当网友们都在鼓励这个小女孩与病魔抗争的时候，事情的发展却急转直下。有网友爆料称，关于给罗一笑捐款这件事，是有人在背后做营销。随后舆论浪潮夹杂着可能存在的事实拍向了当事人，在媒体的多方采访后，事情仍然是一团迷雾，"大部分医疗费可以报销""拥有三套住房""利用同情做营销"等批判的声音席卷了网络。等待事件反转或许是当时大多数人的心声，然而事情的结果是：2016 年 11 月 30 日，当天所有文章的赞赏资金原路退回至网友；而罗一笑在经历与病魔的斗争后，于 2016 年 12 月 24 日凌晨抢救无效离世。

此次"罗一笑事件"似乎并没有结果，网友们也没有等到事实真相。在这个小女孩不幸离开人世之前，也曾有这么多来自网络世界的阳光想要照耀到她。或许我们需要思考，当我们想在网络世界中温暖别人时，这份温暖究竟有没有用对地方？

充分利用滚雪球效应

在冬日里寒冷的时候，如果下起大雪，很多小孩会约上三两好友一起在院子里堆雪人。凡是堆过雪人的人都知道，想要堆好一个雪人，先要滚雪球。滚雪球往往需要自己先准备好一个冰块或者是小雪球，然后慢慢在雪堆里面滚，只要有一定的耐心和兴趣，雪球就会越变越大，从而成为我们想要的雪人的身体和脑袋。

你想成为某个群体的一员吗？虽然你对某个群体有了社会认同，但是你并非这个群体的一员，你要如何成为其中的一员？如何成为一个优秀的人？请试着将自己当作一个小雪球，每天给自己定一些小的计划，每个月定一个中等目标，每年给自己定下一个大目标，让雪球慢慢地滚起来，让自己一点点进步，从而成为一个优秀的人，有能力成为别人的一缕阳光。

万达集团总裁王健林曾在一次访谈中谈到，他曾给公司建立小目标，"我们定一个小目标，比如我先挣它一个亿"。虽然这句话被网友们调侃，并一度成为网络流行语，但其实对于王健林而言当时的一个亿的目标，是可以通过努力不断达到的。也正是通过给自己定下一个个小目标，他渐渐成为中国的亿万富翁。这其实就是滚雪球在日常生活中的体现，既然想要达到自己的远大理想或目标，那不如开始滚起雪球，从一个个小目标开始不断积累。滚动吧，小雪球！

▶ 第三节 我与网络从众

网络
那些事儿

2019年7月25日，一名叫"乔碧萝殿下"的女主播突然火遍网络。她曾在斗鱼平台直播，主要包括游戏和唱歌，在直播时一直用卡通图像挡住脸，仅以甜美的声音和大家互动。在一次直播中，她和另一位女主播连线互动，却因遮挡技术发生意外，卡通图像突然消失，"美女"主播秒变大妈脸——这位主播并不是大家想象的美少女，而是一位"阿姨"。

"乔碧萝殿下"曾表示粉丝数量超过10万才可以露脸，露出相貌后，越来越多看热闹的网友纷纷调侃她"实力劝退"，连着几天上了微博热搜。8月1日斗鱼直播平台公布了处理结果，即日起永久封停主播"乔碧萝殿下"直播间，下架所有相关视频，并关闭主播个人鱼吧。随后她转战虎牙、B站等平台进行直播，接连遭封。此次事件引发了网友对"乔碧萝殿下"的一致讨伐，并且波及了其他女性主播，甚至以类似的虚假借口对其他主播进行人身攻击，随后掀起的"讨伐"浪潮更是一度引起人们对直播行业的讨论和思考。

你还见到过类似的网络群体性事件吗？

你是否曾参与网络群体性事件呢？你觉得它给我们带来了什么样的影响？这些群体性事件的产生，又受到哪些心理因素的影响呢？

1. 缺乏责任意识

在现实生活中让人们表达看法并非那么简单，一方面，发表言论会增加人们的行动成本或受到外部压力；另一方面，因为现实生活受到较为公开公正的法律保护，每个人要对自己发表的言论负责。而在松散的网络世界，信息传播速度极快、受众面广、成本极低，信息庞杂，法律所能够限制的范围有限，网民在较好的匿名性保护下，可以随意敲击键盘表达对事件的看法，发表不负责任的言论。比如一些传说中的"键盘侠"有时候就很容易盲目跟风，缺乏责任意识，从而成为不良群体利用的对象。

2. 补偿心理和罗宾汉效应

无论在哪个时代或者哪个社会，都会出现相对弱势和强势的群体。在网络群体性事件中，这种两极化的群体并不少见，而现实社会中弱势群体的存在感较弱、话语权较少，他们就会有强烈的被剥夺感。如此一来，当涉及类似弱势群体的网络群体事件时，往往会引发或增加弱势群体对社会不公平的愤怒情绪，从而导致他们成为网络群体性事件中的一员。另外还有一部分人群，无论他们属于哪个群体，都更倾向于认同弱势一方的利益，并尽可能地为此伸张正义。当网民认为自己在参与的事件中是正义的一方时，自己的行为就是合法的，并增强对自己行为的肯定。正因如此，就算网络群体性事件与网民个人无关，但他们依旧活跃在其中。

3. 心理不平衡

在网络中，有一些弱势群体一旦接触到相关的强势群体或不公平事件，就会成为网络群体性事件的抨击方。"我爸是李刚"事件是2010年的网络热门事件，此事件成为网络乃至现实社会热议的话题，甚至有网友对肇事者进行人肉搜索，发布不实信息。虽然这件事背后是人们对于权力使用不公的声讨，但在此事件的热浪平息后，事情的真相慢慢浮出水面：肇事者当时并非口出狂言，而是愿意承担责任，但是请求大家不要把这件事告诉父亲。这样的一段话，被断章取义，从而使肇事者受到了网络群体的攻击。

4. 受环境暗示

如果有人打坏了窗户玻璃，而窗户又得不到及时的维修，别人就有可能去打坏更多的窗户。久而久之，这些破窗户就给人造成一种无序的感觉，在这种公众麻木不仁的气氛中，犯罪就会不断滋生。这就是著名的破窗效应。这种效应是源于环境对人们的心理造成暗示性或诱导性影响的一种认知。在网络群体性事件中，受到这种心理支配的网民，本身对事件不带有任何情绪，只是受到环境的影响从而参与其中。

你觉得还有其他心理因素的作用吗？

解锁 新技能

如果发生了网络群体性事件，我们该如何应对呢？

1. 对自己的言行负责

当一个人在群体中，其自我意识会慢慢地"流"向整个群体。无论我们做出什么样的言行，都会参考别人的做法，所以在犯错后会说"别人也是这样做的"。这是一种去个性化和不负责任的表现。此"个性"非彼"个性"，不是我们张扬今天的着装，也不是我们炫耀去了哪里游玩、赢了几局游戏，而是指我们作为一个人所应有的、我们自己的特质。去个性化是指个人在群体压力或群体意识的影响下，会导致自我导向功能的削弱或责任感的丧失，在身份隐匿、责任模糊的情况下，从而做出和大多数人一样的言行举止。想想当你输了一局游戏时，你是不是觉得永远都是队友的错？

我们青少年很快就会成长为一个成年人，要学会对自己的所作所为承担责任。我们要从现在开始培养负责任的品质，对自己说的每一句话、做的每一个动作负责。

2. 三思而后行

如果你决定要对自己的言行负责，那么恭喜你，你已经初步具备了一个成年人的品质。接下来有一个问题需要你思考一下，当你需要为自己的言行负责时，你会怎样把控自己的言行呢？

> 理性！

魔术告诉我们，眼见不一定为实。一件事情往往涉及多方的参与和利益，浮出水面的就像冰山，只露出了一个角，剩下的庞大的根系隐藏在水面之下。所以在我们做出决定之前，一定要深思熟虑，考虑周全。前述案例中的"乔碧萝"事件，涉及直播行业、粉丝、公众影响等各个方面，各方都有他们的立场，如果我们人云亦云，那么这件事永远看不到真相。所以，我们不能盲从，不能刻板地对待某一类人。做决定前一定要想一想，再想一想。

3. 沟通是减少偏见的利器

网络群体性事件的观点趋向于一致，很大部分原因是信息的闭塞。群体内的成员往往只看到有利于自己的信息，从而做出和群体一致的行为。别人怎么想的？不知道，也不去了解。想象一下你是被误会的那一方，你是不是会想要大声地把自己的想法公之于众，希望有人聆听你？所以当你接触到某一个方面的信息时，先和对方沟通一下吧！理解往往建立在沟通之上，让我们努力终止无休止、无意义的争吵。

你还有其他应对方法吗？

元芳带你看世界 ·······································

粉丝现象大揭秘

偶像崇拜自古就有，近些年通过英文单词"fans"转化而来的"粉丝"，成为偶像崇拜的代言词，粉丝现象也渐渐成为社会性的现象。

粉丝现象原本是为了让更多的人接触与自己志同道合的人，然而，网络上却经常出现粉丝之间的对战，许多网络暴力事件正是由此引发的。为什么会出现如此严重的粉丝对战现象呢？

从心理学角度来说，粉丝之间对战的情况是一种群体极化的现象。群体极化可以解释为，由于个体存在于一个群体当中，因而他容易受到群体的影响，从而做出和群体一样的行为或决策，使得个体所持的观点更加极端，即原本保守的更加保守，原本冒险的更加冒险。在粉丝对战的事件中，各群体其实是受到了信息的影响，因为粉丝团队在讨论的过程中，成员所提供的信息大多数是支持自己观点的，因此，粉丝团队的成员逐渐相信自己观点的正确性。有的群体成员即便发现自己的观点与大多数成员不一致，也可能会选择顺从大多数人的意见，从而产生从众现象。

这种"群体极化"具有双重意义。一方面，它可以促使群体意见保持一致，增强群体内聚力和群体行为，因而我们可以看到许多粉丝团队非常团结，积极为自己的"爱豆"（idol）代言，传播自己"爱豆"的正能量，让更多的人喜欢和欣赏自己的"爱豆"；另一方面，这样的"群体极化"容易使得群体做出错误的判断和极端化的行为，容易对其他群体产生排斥和攻击的行为，从而产生粉丝之间的对战现象，更严重的是出现谩骂彼此"爱豆"的现象，最后升级为网络暴力事件。

发现了"群体极化"的秘密，你是否真的能够正确对待粉丝群体中的事件呢？

虚假一致性偏差

我们通常会相信，我们的爱好与大多数人是一样的。如果你喜欢玩篮球，那么就有可能高估喜欢玩篮球的人数；如果你喜欢玩游戏，那么就有可能高估喜欢玩游戏的人数。人们通常也会高估自己在群体中的威信与领导能力等。这种高估与你的行为以及态度有相同特点的人数的倾向性就叫"虚假一致性偏差"。

1977年，斯坦福大学的社会心理学教授李·罗斯在一项研究中招来一批大学生志愿者，问他们是否愿意挂上写着"来 Joe 饭店吃饭"的大大的广告牌，并在校园里转悠 30 分钟。同时李·罗斯告诉他们这样"可能会学到一些东西"，这些志愿者可以接受也可以拒绝。最后的统计结果发现，挂着牌子在校园里转悠了 30 分钟的同学中有 62% 的人觉得其他人也会这么做；而拒绝挂牌子的同学中只有 33% 的人认为别人会做挂牌子这种"古怪至极"的举动。

这项实验论证了"虚假一致性偏差"。人们常常高估或者夸大自己的信念、判断或者行为，把自己的认知特性强加在他人身上，假定别人和自己是相同的。因此我们需要时刻反思，当我们在网络上表达自己的看法时，是不是认为自己的观点才是多数人的观点，自己的"爱豆"也应该受到别人的喜爱、不容批评，从而产生了偏见，不去理解别人呢？

为了上网，我已使出了洪荒之力

随着"互联网+"时代的到来，网络已经进入了我们的学习、娱乐、购物等方方面面，让我们的生活对它产生了很强的依赖，以至于即便使出"洪荒之力"也不能与网络世界相隔离。

那么，究竟是什么力量让网络如此紧紧地束缚着我们？对网络的依赖对我们的身心发展是利是弊呢？本章将会详细讲解何为网络成瘾，为何很多人会网络成瘾，如何摆脱网络成瘾以及网络游戏对我们心理健康的利与弊。

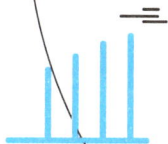

第一节 网络成瘾是什么

随着互联网的普及，网络正在深刻改变着我们的生活。2018年，全世界的互联网用户已经突破了 40 亿大关。我们发现，身边的一切都在被互联网改变着：不管是小到铅笔橡皮，还是大到汽车家电，只要轻点手指即可通过网络购买；无论是亲朋好友之间的聊天还是公司企业的会议，无须处在同一地点便可通过网络实现；我们每天获取信息的方式不再是报纸，而是电脑抑或手机；我们每天娱乐放松所需要的不再是电视、MP3，而是一部联网的智能手机。

但是，网络对我们的影响不仅于此，"现在的人们越来越难以忍耐在没有电子科技的情境下生活，你离不开智能手机，离不开任何可以帮你联通网络世界的设备"。正如这位耶鲁大学的精神病学家所说，因为便利，我们也彻底依赖网络。现在的人们无法接受手机不在身边造成的不安全感，无法容忍没有 Wi-Fi 的餐厅商店；走

在街上，低头族屡见不鲜，而因为使用手机等网络终端造成的严重交通事故，平均每 2 天就会发生 1 起；翻开书本，网络文化正在侵吞着传统文化，网络发展所带来的语言暴力、盲目拜金正腐蚀着正确的价值思想。网络是生活的一种解药，或许也是我们现在正服下的毒药。

心理透视镜

我们常常在生活中可以听到：某某网络成瘾，或是某某某网络游戏成瘾。那网络成瘾究竟是什么意思？什么样的情况才能称得上是网络成瘾呢？

现在我们通常将网络成瘾称为病理性网络使用（Pathological Internet Use，简称 PIU），它是指个人由于不能控制上网行为而过度地使用网络，引发明显的心理抑郁、时间消耗，并导致网络使用者社会交往、家庭关系等失败的现象。对于青少年来说，当我们看到一个人不能控制自己的上网行为，时刻有着强烈的上网愿望，并且长时间的上网活动已经影响到了他的正常学习和生活的时候，我们就可以说他可能存在网络成瘾的问题了。

那么网络成瘾具体有哪些表现呢？根据《网络成瘾临床诊断标准》，长期、反复使用网络，使用网络的目的不是为了学习和工作或不利于自己的学习和工作，符合如下症状表现：（1）对网络的使用有强烈的渴求或冲动感。（2）减少或停止上网时会出现周身不适、烦躁、易激惹、注意力不集中、睡眠障碍等戒断反应；上述戒断反应可通过使用其他类似的电子媒介（如电视、掌上游戏机等）来缓解。（3）下述 5 条内至少符合 1 条：①为达到满足感而不断增加使用网络的时间和投入的程度；②使用网络的开始、结束及持续时间难以控制，经多次努力后均未成功；③固执地使用网络而不顾其明显的危害性后果，即使知道网络使用的危害仍难以停止；④因使用网络而减少或放弃了其他的兴趣、娱乐或社交活动；

⑤将使用网络作为一种逃避问题或缓解不良情绪的途径。而判断网络成瘾严重程度的标准为日常生活和社会功能受损（如社交、学习或工作能力方面）。因此，满足了上面所提到的具体表现就可以将个体的症状界定为网络成瘾。

解锁新技能

网络成瘾的形成是受到多方面因素影响的，例如社会因素、家庭环境因素、心理因素和人格因素等等，下面就详细介绍网络成瘾的形成原因。

虽然网络的"去抑制性"等具有让人成瘾的特性，同时网络能满足人们的交往、归属和尊重等基本需要，但这还是与个体的心理差异有关。心理因素在网络成瘾中占有着比较重要的地位，除了对网络世界的好奇、追求新鲜和刺激，不少网络成瘾者最初上网只是为了逃避某些自身遭遇的问题，例如学习或者工作的压力、人际交往的烦恼、无聊沮丧的心情等。有的人沉迷网络就是因为没有正确认识和看待在学习或工作中遇到的挫折，又没有找到其他合适的方式来调节自己的情绪，所以就借助网络来逃避现实。根据研究结果显示：网络成瘾者在当前的实际社会生活中正经历着较大的困难，而网络似乎是他们的一个发泄窗口。他们在虚拟世界里找到了一时的快乐，激活了大脑内的一个"奖励系统"，从而不断强化他们的行为，长此以往导致网络成瘾。

此外，家庭因素也是形成网瘾的一个主要原因。无论是家庭内部关系出现问题的家庭，还是以打骂孩子为教育方式的暴力型家庭，又或是家庭教育存在其他问题的家庭，在这些家庭的孩子由于得不到父母应给予的理解、关爱、支持和引导，就容易促使孩子在网络这样一个虚拟世界中去找寻关爱或是发泄情绪。研究发现，网络成瘾者的家庭外人际关系满意度相对较高，网络成瘾问题与家庭中的亲子关系问题有密切联系。同时，研究发现网络成瘾的青少年在成长过程中常常出现"父亲功能"缺失或不足的现象。所谓的"父亲功能"主要指在教养过程中通常需要

的父亲角色与作用，如规范性、力量性等。在研究人员接触的大量案例中，75%以上的家庭有"父亲功能"不足甚至缺失的现象，如单亲（母亲）家庭、幼年父亲不在身边、家长过于繁忙无暇顾及子女、父亲在子女教育中很少参与等。

　　人格因素往往容易被忽视，因为具有一些特定人格特质的人有更大的概率出现网络成瘾。例如，具有高神经质的个体会更容易出现网络成瘾。神经质是一种人格特质，常表现出患得患失、对拒绝和批评过分敏感等特点。高神经质个体倾向于有心理压力、不现实的想法、过多的要求和冲动，更容易体验到诸如愤怒、焦虑、抑郁等消极的情绪。他们对外界刺激的反应比一般人强烈，对情绪的调节、应对能力比较差，经常处于一种不良的情绪状态，并且这些人的思维、决策以及有效应对外部压力的能力比较差。相反，神经质维度得分低的人较少烦恼，较少情绪化，比较平静。所以那些应对外部压力能力较差的人更有可能因为焦虑、抑郁等不良情绪而沉溺于网络的虚拟世界之中。

元芳带你看世界

"让你别用手机"的手机

　　当今社会我们最离不开的恐怕是智能手机。今天，我们就来介绍一款"革命性"的新手机，解决大家手机上瘾的问题！

　　现在的年轻人，吃饭要拿手机拍照发朋友圈、QQ空间，遇到新鲜事直接在群里广而告之，每天晚上非要玩一会儿手机才能好好睡觉，就连走在大街上随处都是低头看手机的人……

　　有一个公司的设计人员设计了一款手机，目的是让用户集中精力、减少时间浪费，也就是让大家少玩手机。这样一款手机来自一个名叫Siempo的加州初创公司，它搭载基于安卓的操作系统，但是上面没有应用商店。这意味着这个手机不能安装任何App，包括微博、微信、各种游戏等。也就是说，当你打开手机的时候，看到的不是满屏的应用，而是只有几个"生活必需"的功能，比如电话、短信、谷歌地图、记事本、浏览器、联系人以及闹钟。在这个手机上你还可以给自己浏览的网站设限，不准访问自己设置的列表以外的网站；只和自己联系人中最喜欢的几个互动，其他人一律屏蔽……

这个手机的操作方法是这样的：当你按下 Home 键的时候，屏幕上会出现一个问题：你打算干什么？以及"打算干的事"的列表：发短信、建立新联系人或者写笔记之类的。也是，一个不能自己安装 App 的手机实在不能干太多事……正如开发者所说：没有社交媒体来打扰你，我们就能扔下手机，真正地感受这个世界。

一本正经告诉你

小测试：我是网瘾少年吗？

请同学们根据自己的实际情况，评价下列表述与自己的相符情况：1—完全不符合，2—有一点儿符合，3—基本符合，4—大部分符合，5—完全符合。请大家将相应的数字填写在得分栏，最后所有题目的分数相加除以题目数 38，得到最终分数。

这个问卷结果没有对错之分，只是为了帮助同学们更好地认识自己的网络使用行为，进而合理、健康地使用网络，所以一定要客观真实地根据自己的情况来评价。

题目	得分
1. 一旦上网，我就不会再去想其他事情了	
2. 上网对我的身体健康造成了负面影响	
3. 上网时，我几乎是全身心地投入其中，常常忽略了周围发生的事	
4. 不能上网时，我十分想知道网上正在发生什么事情	
5. 为了上网，我有时候会逃课	
6. 为了能够持续上网，我宁可强忍住大小便	
7. 因为上网，我的学习遇到了麻烦	
8. 从上学期以来，我平均每周上网的时间比以前增加了许多	
9. 因为上网的关系，我和朋友的交流减少了	
10. 比起以前，我必须花更多的时间上网才能感到满足	
11. 因为上网的关系，我和家人的交流减少了	
12. 在网上与他人交流，我更有安全感	
13. 如果一段时间不能上网，我满脑子都是有关网络的内容	
14. 在网上与他人交流时，我感觉更自信	
15. 如果不能上网，我会很想念上网的时刻	
16. 在网上与他人交流时，我感觉更舒适	
17. 当我遇到烦心事时，上网可以使我的心情愉快一些	
18. 在网上我能得到更多的尊重	
19. 如果不能上网，我会感到很失落	
20. 当我情绪低落时，上网可以让我感觉好一点儿	
21. 如果不能上网，我的心情会十分不好	
22. 当我上网时，我几乎忘记了其他所有事情	
23. 当我不开心时，上网可以让我开心起来	
24. 当我感到孤独时，上网可以减轻甚至消除我的孤独感	
25. 网上的朋友对我更好一些	
26. 网络可以让我从不愉快的情绪中摆脱出来	
27. 网络断线或接不上时，我会觉得自己坐立难安	
28. 我不能控制自己上网的冲动	
29. 我发现自己上网的时间越来越长	
30. 我只要有一段时间没有上网就会觉得心里不舒服	
31. 我曾因为上网而没有按时进食	
32. 我只要有一段时间没有上网就会觉得自己好像错过了什么	
33. 我只要有一段时间没有上网就会情绪低落	
34. 我曾不止一次因为上网的关系而睡眠不足 4 个小时	
35. 我曾向别人隐瞒过自己的上网时间	
36. 我曾因为熬夜上网而导致白天精神不济	
37. 我感觉在网上与他人交流要更安全一些	
38. 没有网络，我的生活就毫无乐趣可言	
总分	

大家根据自己的最终得分来对照一下下面的结果吧！

得分≤3分的同学：你们和网络之间的关系是"君子之交"哟！你们知道合理使用网络，适当借助网络的力量增长知识、开阔眼界，帮助自己学习、成长，从而成为更好的自己。你们之间保持现在的关系就可以了哦！

得分在3~3.16分之间的同学：你们和网络之间的关系是"情投意合"哟！但还是要注意控制上网时间，养成健康的生活习惯，多看书、多运动，和身边的同学朋友一起参加一些公益活动或者志愿者活动，丰富自己的生活。

得分≥3.16分的同学：你们和网络之间的关系是"如胶似漆"哟！俗话说"距离产生美"，再深沉的爱也需要保持一定的距离才会有美感！你可以和爸爸妈妈、老师以及身边的同学多多交流，适当参加一些集体活动并在活动中认识一些新朋友，从而在一定程度上减少自己上网的时间，和网络保持一定的距离……如果觉得自己和网络的关系实在是难舍难分，记得向心理老师或心理医生寻求帮助哦！

第二节　再见，网瘾

《国际疾病分类第十一次修订本》（ICD-11）发布后，精神卫生界又开始对网瘾重视起来，一些精神卫生专科医院也开始有所行动。比如北京安定医院为"网络成瘾"这个新疾病开设了网络成瘾专科门诊。

该门诊副主任医师盛利霞接受媒体采访时表示，网络成瘾专科门诊开诊那日共有4个病人前来挂号，但无一被确诊为"网络游戏成瘾"，而结合安定医院网络成瘾门诊近几年来的相关诊断经验，真正符合ICD-11诊断标准的患者数量也极少。

盛利霞在接诊过程中发现，孩子与其父母的说法往往大相径庭。基本上家长都认为孩子沉迷游戏，但每个孩子的情况却不尽相同。有些父母会乱贴标签，把孩子当作网络成瘾来对待。我们现在需要更多的医疗机构建立高诊断水平的网络成瘾医疗队伍，避免误诊的发生。

心理 透视镜

现在我们来了解一下研究者们是如何认识网络成瘾的危害的。

在认知功能方面，有关网络成瘾者的研究结果显示，网络成瘾会导致个体的认知加工功能受损并出现感觉功能易化的现象，其思维能力、语言认知能力、短时记忆能力以及决策能力下降，且相关功能脑区出现异常。

在情绪和人格特质方面，有研究发现，网络成瘾的青少年情绪表达与情绪调控能力不足，虽然他们总体的情绪智力并不低于非成瘾的青少年，但是他们的情绪表达能力不够好，无法得到他人的理解，使得他们在现实人际关系中遇到困难，常常处于不良的情绪之中，从而需要在网络中寻求缓解和补偿。也有研究发现，有网瘾的学生在自律性人格因子上与未成瘾学生的差异非常显著，这样的学生在自我克制能力和自我激励能力上都存在着很大的不足，会放纵自己的行为，难以加以控制。同时，国内外的很多研究都表明了网络成瘾和社交恐惧、焦虑、抑郁、孤独等因素之间的关系，相比于非成瘾者，成瘾者的神经质水平更高，情绪稳定性更差，孤独感、无助感、愧疚感和焦虑水平更高。

在社会交往和人际关系上，研究发现网络成瘾者的社会支持得分要显著低于非成瘾者，成瘾者更多地体验到自我与经验之间存在着差异，会表现出内心的紧张和不安，通过逃避现实、减少与现实中的人的交往从而将注意力转向网络之中，在虚拟世界中去寻求支持和社交的满足。他们与现实中的同伴及家人的关系会变得更差，交流变少，而网络中的同伴则成为他们进行社会交往的主要对象。

解锁 新技能

网络成瘾并不是在出现了才需要我们去关注和治疗，而是在它出现之前就需要我们进行预防。只要养成良好的上网习惯，培养出健康的心

第六章 为了上网，我已使出了洪荒之力

理品质，网络成瘾是可以预防的。那么我们应该如何预防网络成瘾呢？

首先是控制上网时间。我们可以控制好每周的上网时间，因为控制好每周的上网时间要比控制好每天的时间更有效、更容易，也给了自己灵活调整每天的上网时间的空间，执行起来心理阻力更小，更容易实施。所以，我们先给自己设定一个小目标吧，如"我每周的上网时间不能超过 × 小时"。

其次是控制上网地点。在青少年群体中，中小学生正处在未成年阶段，《未成年人保护法》规定，互联网上网服务营业场所等不适宜未成年人活动的场所，不得允许未成年人进入。因此最适合同学们上网的地点是自己家里，而不是网吧等营业性的网络服务场所。同伴之间往往存在相互"学习"的作用，三两伙伴如果在这些场所上网，遇到一些成天泡在网上的"榜样"，就会加速网络成瘾的形成。

再次是控制网络的使用内容。我们可以先学习网络的使用技巧，学习从网上获取资料的技能，保护自己的电脑不会受到病毒或不良网站的攻击。另外，我们自身要具备明辨是非的能力，对包含暴力、色情、反动等内容的不良网站说"不"，不浏览与此相关的信息。这样可以帮助我们更好地利用网络，丰富自己的知识，增加自己的技能。

最后，不能放弃监督。同学们上网时可以选择客厅、书房等有利于家长或者他人监督的地方，也可以设置一个闹钟，事先就定好下网的时间。这些都能帮助我们控制上网的时间或是防止我们接触到不良信息，可以预防网络成瘾的发生。

除此以外，我们要学会调整自己的情绪，缓解压力；学习处理问题而不是逃避问题；认识并且接受现实生活中的自己，而不是否定自己。这些对预防网络成瘾都非常重要。另外，除了上网，进行一些其他的课余活动和培养别的兴趣爱好对预防网络成瘾也具有重要的意义。

元芳带你看世界

看了上述案例，我们一定会对网络成瘾的治疗产生兴趣，下面详细介绍几种治疗网络成瘾的方法。

1. 认知行为疗法

首先引导成瘾者了解治疗网络成瘾的意义，然后从认知的角度鼓励成瘾者就网络成瘾的问题进行交流和讨论，使他们了解自己的成瘾状况，看到自己的问题，并希望解决它。从认知的层面与成瘾者一起找"问题"的原因和关键所在，进而让其根据自己目前的依赖程度确定改变的目标，设定评估策略，制订行动计划。另外，根据网络成瘾的形成、发展和变化的原因，给予具体的指导，并对成瘾者的行为变化给予反馈、指正以及适当的奖惩。

2. 动机访谈

该疗法同时包含了指导性和非指导性疗法的成分。动机访谈指在治疗过程中，通过挖掘和处理来访者行为改变过程中的矛盾情感，进而达到增强来访者改变行为的内在动机。动机访谈的核心涉及行为改变的动机方面，因为成瘾者通常由第三方强制就医，所以激发来访者自我改变的动机是治疗的首要任务。该疗法认为，行为改变的动机在于成瘾者内心继续目前的成瘾行为与想要改变的矛盾心理。继续目前的成瘾行为可以维持虚幻的成就感、逃避现实困难，但社交功能的损害又让成瘾者感到痛苦，内心潜伏着改变的愿望。该疗法就是解决来访者内心的这种矛盾心理，使其承诺并践行改变的决定。

3. 团体治疗

目前已有的针对网络成瘾的治疗大都整合了团体治疗的方法。结果表明，团体治疗与其他方法共同显示了混杂的效果。团体这种设置有利于成员缓解与成瘾行为有关的羞耻感、内疚感和孤独感。在团体中，成员可以感受到支持、滋养、非评判；团体成员还可以和与他们有相似认知和情感的其他成员公开地讨论症状和痛苦。团体治疗有利于成员实现他们承诺的成瘾行为戒断计划。此外，也有学者建议采用治疗饮酒成瘾的十二步康复计划来治疗网络成瘾。

4. 家庭疗法

基于家庭的干预对于治疗网络成瘾是必不可少的。在对青少年网络成瘾的家庭治疗中，向整个家庭传授帮助成瘾者的方法是至关重要的。这些方法包括：为家庭成员提供咨询、传授有关网络成瘾的知识，教他们如何管理愤怒情绪和消除对成瘾者的不信任感，理解网络成瘾的康复过程、复发的扳机因素和家庭成员之间保持适度边界的重要性。

一本正经告诉你

数据说网瘾

国家卫生健康委员会发布了《中国青少年健康教育核心信息及释义（2018版）》，其中对网络成瘾的定义及其诊断标准进行了明确界定：在无成瘾物质作用下对互联网使用冲动的失控行为，表现为过度使用互联网后导致明显的学业、职业和社会功能损伤。其中，持续时间是诊断网络成瘾障碍的重要标准，一般情况下，相关行为需至少持续12个月才能确诊。网络成瘾主要包括游戏成瘾、色情成瘾、信息收集成瘾以及网络关系成瘾，另外还有网络赌博成瘾、网络购物成瘾等。数据显示，全世界范围内青少年过度依赖网络的发病率是6%，我国比例接近10%。

另据《第46次中国互联网络发展状况统计报告》，截至2020年6月，我国网民规模为9.40亿，其中学生群体规模最大，占比为23.7%。12~16

岁的青少年是网瘾高发人群。虽然目前尚缺乏大样本流行病学调查数据，但既往的研究显示，游戏成瘾的流行率为 0.7%~27.5%。

而中国青少年研究会发布的未成年人网瘾调查报告显示，网络成瘾比例在初二年级增幅最大，由初一的 4.4% 上升到 8.7%。"未成年人网络成瘾的比例不到 7%""未成年人网络成瘾的比例可能被夸大了"……针对社会上"谈虎色变"的青少年网瘾，中国青少年研究会副秘书长杨守建表示，调查发现网络成瘾的未成年人约占未成年网民的 6.8%。部分矫治机构的专家认为，在矫治机构接受网瘾治疗的青少年有 7 成并非真正意义上的网络成瘾。另外，之前引发社会广泛争议的网瘾戒除机构被调查多数并不靠谱，建议家长不要轻信社会上这类机构。

▶ 第三节 网络游戏的"网"

网络
那些事儿

2019 年 11 月 5 日，国家新闻出版署发布了《关于防止未成年人沉迷网络游戏的通知》（以下简称《通知》）。为了保护青少年健康成长，坚决遏制沉迷于网络游戏，《通知》共提出了六方面举措，其中四项举措十分重要且有力。

一是实行网络游戏账号实名注册制度。目前，不少未成年人使用家长手机号、微信号注册游戏账号，导致针对未成年人的管理制度难以真正落地。为此，《通知》要求严格实名注册，所有网络游戏用户均需使用有效身份信息方可注册游戏账号。

二是严格控制未成年人使用网络游戏时段时长。规定每日 22 时到次日 8 时不得为未成年人提供游戏服务，法定节假日每日不得超过 3 小时，其他时间每日不得超过 1.5 小时。

三是规范向未成年人提供付费服务，规定网络游戏企业不得为未满 8 周岁的用户提供游戏付费服务；同一网络游戏企业所提供的游戏付费服务，8 周岁以上未满 16 周岁的未成年人用户，单次充值金额不得超过 50 元人民币，每月充值金额累计不得超过 200 元人民币；16 周岁以上的未成年人用户，单次充值金额不得超过 100 元人民币，每月充值金额累计不得超过 400 元人民币。

四是探索实施适龄提示制度。随着网络游戏类型越来越多样化，在题材、内容、玩法等各方面都可能存在不适宜未成年人体验的问题。《通知》要求网络游戏企业从多维度综合衡量，探索对网络游戏予以适合不同年龄段用户的提示，帮助未成年人、家长和老师等更好地区分网络游戏，引导未成年人更好地使用网络游戏，决不允许色情、血腥、暴力、赌博等有害内容存在于面向成年人的游戏中。

心理透视镜

很多网络游戏都有暴力的性质，根据心理学研究者们的相关研究，发现它们会对玩家的攻击性行为、情绪脱敏等产生影响。

研究发现，玩暴力电子游戏会增加个体随后的攻击行为。在研究中，研究者特别关注游戏中那些引起攻击性的暴力内容，并进一步分析了这些内容的具体效果。例如对游戏内血腥场面的出血量的研究发现，出血量越多，玩家的攻击性越高。研究者在区分参与和观看条件下，对游戏中血腥的视觉成分和射杀动作两个因素的影响进行了研究，结果发现两种因素皆有显著的促进攻击性的影响，而且血腥的视觉成分的影响更强。

除了攻击性行为，暴力游戏还会导致暴力脱敏。国外学者有研究发现，游戏中的暴力内容可能比真实的暴力内容影响更大，接触暴力游戏会减少个体的共情水平并增加其暴力倾向。我国学者在区分参与者和观看者的条件下，对暴力游戏诱发的攻击性脱敏效应进行了研究，结果证明，无论是观看者还是参与者，都产生了显著的脱敏效应。

在对人际关系的影响上，游戏中的暴力内容会破坏玩家的合作行为，削弱亲社会动机，并且增加社会交往中的剥削行为。长期接触暴力电子游戏还会让人变得冷漠和疏离，从而减少人们帮助处于困境中的他人的倾向。一些暴力电子游戏还展现无端攻击平民甚至执法人员的情景，使人担心玩家可能通过观察学习来模仿这些行为。

除此以外，研究还发现长期或短期接触暴力电子游戏都能提高玩家的内隐攻击性，导致青少年玩家的消极认知。另外，也有研究发现，暴力电子游戏不是攻击行为产生的前因变量，而是其他因素（例如，攻击人格、家庭暴力等）引起攻击行为的催化剂。

解锁
新技能

弊

利

暴力电子游戏虽然存在着种种弊端，对玩家产生很多负面影响，但是事物都是具有两面性的，我们应该辩证地看待电子游戏，发现电子游戏对玩家是存在一定程度的益处的。

在加州大学的医学实验室里，研究者们试图利用游戏来改善我们的头脑。通过神经成像技术，他们能够收集玩家的大脑数据，从而制作出更好的游戏。游戏可根据玩家的表现调整难易程度，使玩家保持上瘾的状态。研究员认为，这能够用以治疗抑郁症或者注意力不足过动症，或用以改善我们的记忆和认知能力。该方法主要是通过扫描玩家的大脑活动，发现玩家大脑中薄弱的区域，然后用更强的体验改善大脑功能。该实验室也曾与游戏开发者合作，做出了一款简单的游戏《神经赛车手》（Neuro Racer）。在该游戏中，玩家驾驶汽车行驶，并识别屏幕上弹出的特定路标。玩过该游戏的成年人，在接下来的记忆力和注意力测试中，获得了更好的成绩。

关于游戏在改善智力方面的潜力，罗切斯特大学的神经学家 Daphne Bavelier 发现，连续玩第一人称射击游戏两周后，玩家的视觉注意力、思维推理和决策能力都得到了提高。爱荷华大学的一份心理学研究表明，在腹腔镜手术过程中，玩游戏的医生们速度更快，犯错更少。多年的研究也表明，持续玩俄罗斯方块可以提升记忆和认知能力。当然，并非所有的游戏都有用。纵横字谜看似能够锻炼智力，但是研究人员发现，它在改善头脑方面毫无用处。

基于人脑的认知能力发展，也有商业公司开发了针对老年人的脑训练游戏。Lumosity 网站提供了一系列游戏，声称能够改善各种核心认知技能，包括记忆、注意、速度处理、心理灵活性、空间定位、逻辑推理以及问题解决能力，由此说明电子游戏有助于对抗由年龄增加造成的神经认知功能的下降。有研究证明，Lumosity 游戏对于提升老年人的视觉空间工作记忆和情景记忆效果显著，19 位老年人接受了总共 15 次，每次 1 小时的电子游戏训练，区别于控制组（20 位老年人），接受游戏训练的老年人的工作记忆有显著改善，同时其效果可以保持 3 个月。电子游戏训练可能是改善老年人工作记忆和其他认知功能的有效干预工具。

Nature 杂志也曾报道过一项利用脑科学研究方法开展的研究，该研究证明自适应性的三维电子游戏（Neuro Racer）可以促进老年人的认知控制能力的发展，其效果会保持 6 个月，训练也带来了注意力保持和工作记忆等认知能力的改善。不过，目前还没有证据表明，现在市场上的主流游戏能改善老年人的脑力。

　　电子竞技作为新兴的体育项目，并不等同于传统意义上的玩网络游戏，两者在概念上存在着一定的区别。

　　电子竞技最简单的定义就是电子游戏比赛。目前对电子竞技运动（E-sports 或 E-athletics）的概念学术界还没有一个明确统一的说法，但是对电子竞技的定义有一个共同特征，就是都把电子竞技看作"人与人"之间的对抗或体育运动。目前比较流行的说法有三个，一是电子竞技运动就是利用高科技软硬件设备作为运动器械进行的、人与人之间的智力对抗运动。二是电子竞技运动是以信息技术为核心、"以体育规则为导向"，利用软、硬件设备作为器械而进行的人与人之间的对抗性运动。三是"电子竞技运动是以信息产品为运动器械的人与人之间的竞赛"，它是在体育规则的规范下进行的、旨在提高选手身心素质水平的体育活动。由此可以看出，电子竞技运动不同于现实中其他的竞技体育运动项目。

　　电子竞技运动与网络游戏都来源于电子游戏，并随着信息技术的发展逐渐成熟起来。从历史渊源上来讲，网络游戏与电子竞技本是同根生，只是各自依靠本身的特点、沿着不同的方向、顺应技术的发展而走向不同的发展道路。电子竞技遵循一定的体育规则的特点，具有竞技体育的属性，有着可定量、精确比较的竞技特征。电子竞技侧重于锻炼和提高参与者的思维能力、反应能力、团队精神、自制能力、协调能力以及意志品质和体育精神，培养参与者对现代信息社会的适应能力。电子竞技寓运动于游戏，是一种真实的游戏运动。

　　电子竞技运动有两个基本元素：电子和竞技。"电子"是其方式和手段；"竞技"则指的是其体育的本质特性，即对抗、比赛。相对于电子竞技运动而言，网络游戏是以追求感受为目的的模拟和角色扮演，是一种以娱乐为主要目的的游戏形式，完全是通过时间甚至是金钱积累来提高游戏等级，基本上不需要特别的游戏技巧，也没有完全的胜负概念，是一种没有尽头、不可量化、不能记取胜负的游戏形式。网络游戏与电子竞技的本质区别就在于进行游戏的对象不同，电子竞技运动的对象是人与人之间的实质性对抗，而网络游戏参与的对象是人与游戏中指定的虚拟角色。电子竞技更具真实性，是目前网络游戏发展的最高级形式。

一本正经告诉你

电子游戏将取代药物治疗多动症?

Project:EVO 是一款看似普通的小游戏，但是它的意义远不止游戏本身。它并非用来给学龄前儿童消遣娱乐，而是用于治疗疾病。医生通常不会把电子游戏作为治疗处方，但这款游戏的出现将有望改变此情形。

这款游戏的主角是一个黄色的外星小人，玩家驾驶着小木筏，奔驰在水面上。游戏的任务很简单，击中水中不时蹿出的蓝色小鱼，同时避开其他颜色的鱼和飞鸟。击中的蓝色小鱼越多，游戏难度越高。

据 Buzz Feed（美国一新闻聚合网站）报道，Project:EVO 由一家位于波士顿的公司 Akili Interactive Labs 开发，虽然还未经过长期的临床试验，但这款小游戏的目的在于诊断和治疗认知类的疾病，比如多动症和自闭症。

"科学相当强大，"宾夕法尼亚大学助理教授、费城儿童医院自闭症研究中心的 Benjamin Yerys 说，"事实上，相对于其寓教于乐的治疗方式，我们可能开创了一个新的标准。"

如果 Akili 实验成功，未来有一天，医生就可以用游戏为患者治疗，而无须大量的药物。这对患有多动症的孩子来说有莫大的好处，因为现今很多治疗多动症的药物都有副作用，比如产生易怒情绪和暴力倾向。并且，传统药物没有反馈回路，患者无法实现自我学习。

经过游戏的训练，人脑的前额叶皮层会更加活跃，而这一部分通常

用来分析思考和支配日常动作。初步的实验结果表明，游戏能够提高大脑的认知能力、注意力以及记忆力。也有研究表明，游戏会显著提高高中前的青少年处理信息的能力。

电子游戏取代药物成为治疗手段真的是让人期待不已，毕竟我国的网络小说都已经帮助美国小伙卡扎德成功戒掉了毒瘾（卡扎德在 2014 年失恋后由于心情苦闷，用毒品进行自我麻醉，后来通过翻译网站同时追更 15 部中国网络小说，半年后彻底戒掉了毒瘾）。

大数据是什么

人类对数据和信息的探索从未停止过，随着计算机和互联网技术的发展，海量的数据无法通过肉眼发现其中的规律时，大数据技术便诞生了。

大数据正在从各个方面影响着你我的生活和我们的世界：啤酒和尿布应该摆在一起；机器算法战胜人脑；在你下单前商品就已经被送到你家附近的仓库；7~9 点人们容易生气……这些新鲜有趣的发现和服务都要归功于大数据。技术的进步换来的是更为自由的未知空间，虽然那里暂时缺乏有效的监管，但最终大数据将造福人类。

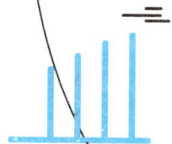

► # 第一节　当世界遇上大数据

网络
那些事儿

假如你是超市的工作人员，你会把啤酒和尿布这两种商品摆在一起吗？

沃尔玛的创始人沃尔顿先生最爱做的事就是去卖场巡视，他希望通过双眼发现销售规律。但随着计算机账单技术的引入，超市管理人员通过对后台的销售大数据进行挖掘，他们发现，啤酒与尿布这两件看上去毫无关系的商品会经常出现在同一张购物小票上。他们具体采用了一种叫影响性分析（也叫关联分析）的方法，通过这种方法就可以发现不同商品之间的关联。这种特别的消费现象引起了工作人员的注意，经过进一步的分析发现，同时购买啤酒和尿布的人往往是年轻的父亲。他们还发现，如果超市里面只有啤酒和尿布中的其中一样的话，顾客就会离开这家超市去别的超市。为了留住顾客，沃尔玛便开始把啤酒和尿布放在相同的区域，方便年轻的父亲购物，同时这也提醒了那些粗心的父亲，别只顾着给自己买啤酒而忘记了宝宝的尿布。

沃尔玛在 1992 年就着手进行数据挖掘项目，算是数据挖掘的先驱者。

心理透视镜

随着互联网以及手机电脑等电子设备的普及，我们的世界万物正在被同一个网络连接起来。网络的一端是庞大的数据储存器，网络的另一端是各种设备终端，这些终端每天都会产生海量的数据，这些数据的挖掘、分析和处理无法由传统的软件和方法完成，必须借助更强大的处理模式，这类数据我们称为大数据（big data）。大数据技术中的一种核心技术叫"算法"，在进行大数据分析的时候数据工程师们会根据目的的不同而编写不同的算法，沃尔玛的"啤酒与尿布"就是将Aprior算法引入POS机数据分析中获得成功的经典营销案例。

那么，大数据有什么特点和作用呢？

1. "5V" 特点

Volume：指容量大。数据容量的大小决定了数据的价值和潜在的信息，大数据的起始计量单位是P，1P=1024T。

Variety：指数据类型的丰富多样性。具体表现为网络日志、音频、视频、图片、地理位置信息等等，多类型的数据对数据的处理能力提出了更高的要求。

Velocity：指获得数据的速度快。比如搜索引擎要求几分钟前的新闻能够被用户查询到，个性化推荐算法尽可能要求实时完成推荐。

Variability：指在处理和管理数据的过程中容易出现阻碍。

Veracity：指数据的质量真实可靠的程度。

此外，大数据还有"价值密度低"的特点。随着物联网的广泛普及，世界各个角落随时都在产生数据，这些数据就好比海洋中的水，单看一小片水域根本没法推测整个海洋运动的规律，可以说这一片水域的价值密度很低。同理，在数据的海洋，也必须汇聚非常大的数据才能发现有价值的信息。因此，如何通过强大的机器算法更迅速地完成数据的价值"提纯"，是大数据时代亟待解决的难题。

2. 大数据的作用

大数据背景下，每个组织和个人都可以借助数据的支持，做出更好的决策，更好地完成任务。大数据就好比一个蕴藏丰富的煤矿，包含了焦煤、无烟煤、肥煤、贫煤等，而不同的煤有不同的用途。对于政府组织而言，可以借助大数据进行基础建设、社会管理、外交国防等；对于商业组织而言，可以借助大数据进行顾客需求的预测，优化产品、投放广告、控制风险等；对于个体而言，大数据可以让我们的生活变得更加便捷，我们可以借助大数据进行健康管理、出行购物等。

技术是一把双刃剑，风险与机遇并存。大数据技术在为我们的社会带来众多福利的同时，如果被不恰当地运用，就可能产生很严重的问题，比如侵犯和泄露公民的个人隐私。以健康数据为例，健康企业或者医院为了提供更好的健康管理或者医疗服务，它们必须要首先获得个体的遗传特征、家族病史、生活习惯等很多隐私的信息，但这些信息如果被不恰当地运用，就可能导致严重的后果，比如医疗保险政策的歧视、虚假药品广告的骚扰等等。

解锁
新技能

2016年，阿尔法狗（AlphaGo）和人类九段棋手李世石的巅峰对决引起了举世关注。阿尔法狗又叫阿尔法围棋，是第一个击败人类职业围棋选手、第一个战胜围棋世界冠军的人工智能机器人。阿尔法狗是人工智能领域的代表产品，它和李世石的对决也是人工智能和人类大脑的一次代表性较量，这次对决最后以李世石的失败而引发了广泛的讨论。

除了围棋领域，其实大数据在我们的生活中也已经开始为我们服务了，比如基于实时大数据分析的地图，通过分析GPS系统提供的数据地图可以准确预报当前城市道路的拥堵情况，而在以前，播音员主要依靠视频监控加交通广播的形式通知司机路况，并且一次只能针对某一路段的通行情况进行广播，其效率和范围远不如实时地图；另外，在一些流

水化、程式化的领域，人工智能已经开始取代人类，比如超市在引入智能收银台后，收银员的数量就减少了，工厂智能机械臂的使用也节省了大量人工。

有人不禁担心，人工智能将来会取代人类吗？人类会被机器人统治吗？实际上，这些担忧有些过头，机器人统治人类的那一天是不会到来的。机器人统治人类必须要满足两个前提，一是要有过度繁殖倾向。达尔文的理论认为，地球上的各种生物普遍具有过度繁殖倾向，都想要占领资源，甚至统领地球，以便在生存斗争中获胜从而生存下去。而机器人作为不生不灭的一种存在，不会有过度繁殖的倾向，所以它们不会对人类或者地球造成威胁。二是要有高等理性，高等理性就是能够自己为自己立法，懂得彼此尊重，而目前所谓的人工智能只能称为工具理性，目的是作为一种辅助工具提高某一过程的效率。当前人类对高等理性的了解远没有达到创造出人工高等理性的水平，即使很久以后机器人具备了高等理性，那可能的结果也不会是机器人统治人类，而是机器人在高等理性的作用下和人类彼此尊重、和谐共存。

元芳 带你看世界

1. 神奇的搜狗输入法

大数据技术作为一门新的数据技术和我们的日常生活似乎不沾边，但我们却早已开始享受大数据技术为我们带来的便利了。我们以搜狗输入法为例，来看看它为我们的生活带来的改变吧！

搜狗输入法是搜狗（Sogou）公司 2006 年打造的一款智能输入法，其特征是输入效率高、准确性高。那它是怎么做到的呢？这里面必须要提到云计算技术。云计算是在大数据背景下诞生的一种计算方法，大数据容量非常庞大以至于没有办法在一台普通的计算机上进行运算，而云计算则正好借用了一种叫云的技术把这种计算分布开来，从而实现对大量数据的分析。

搜狗输入法拥有大批用户，2014 年 PC 端用户达到 4.8 亿，手机端用户达到 2.2 亿，这些用户的日常输入都为云计算提供了数据来源。通过这种计算，用户可以实现一句话只输入每个字的第一个拼音字母，就能在屏幕上显示出用户所要表达的那句话。由此可见，大数据 + 云计算既节约了用户打字的时间，又提高了内容的准确率。

2. 提前为你备货的京东到家

大数据技术也改变了大家的网上购物体验。京东到家是京东集团所打造的一个特色购物平台，它能够快速覆盖大江南北的一个主要原因是它能把顾客所需要的货物在 2 小时内送到顾客家里。我们不禁要问，它怎么能在那么短的时间内备好顾客所需要的商品还送货到家呢？这正是靠的大数据挖掘技术，京东到家可以提前预判某地区的用户的消费需求，提前在离用户最近的社区储备这些商品，只要用户一下单，自然能够及时送达。"如果没有前期通过大数据对用户需求进行挖掘，用数学的方法对社区进行选取，就很难做到 2 小时以内送达，实现这种极速的生活体验。"平台负责人如是说。

一本正经告诉你

你知道集可爱与智慧于一身的小度吗？

说到小度，大家的第一反应是不是会想到百度呢？没错，小度机器人正是诞生在百度搜索大家庭中的智能实体机器人。它依托百度强大的

搜索能力，汇集自然语言理解、智能交互、语音视觉等多种人工智能技术，并且能以自然的方式与用户进行信息、服务、情感的交流，还会通过学习成长，从而不断提升各种技能。

其实，小度也是一个大红人，不仅出席过很多活动，还参与录制过很多电视节目呢！2014 年 9 月，小度以首位"非人类"挑战选手的身份参加江苏卫视某闯关节目并且勇闯四关。2017 年，植入了"百度大脑"的小度，更是与江苏卫视《最强大脑》名人堂的选手约战三场：第一场比赛中，人类"最强大脑"王峰 2∶3 惜败于人工智能机器人小度；在第二场比赛中，小度和名人堂选手"听音神童"孙亦廷打成了平手；第三场比赛中，小度与"水哥"王昱珩进行人脸识别比赛，最终小度以 2∶0 胜出。

为什么小度能够胜出呢？这就是大数据的魔力！

第二节　大数据是个神助攻

网络那些事儿

　　提到苏轼，你脑中浮现的是什么内容呢？是苏轼的某句诗词还是他的画像，甚至是东坡肉？然而就在 2017 年，来自清华附小 2012 级的官天泽等五位同学借助数据编码技术给我们展现了一个很不一样的苏轼。

　　他们搜集整理了苏轼的所有诗词共 3458 首，共计 25 万字，而唐宋时期共有 9552 位作者撰写了 276545 首诗词，平均下来苏轼一人的作品数量差不多相当于 120 人的作品总量，因此他们发现苏轼是一位高产的作家。他们还分析了苏轼作品中的高频词汇，排名前三的二字词语分别是"子由""归来""使君"。但"子由"并不是一个词，而是苏轼弟弟的名字。如果按照原榜单来了解苏轼，我们就很可能忽略了苏轼与其弟弟的密切关系，同时仅仅从数据分析结果中我们也很难体会到苏轼与其弟弟有什么样的情感。榜单上排第二的词语是"归来"，他们发现在苏轼每次贬谪结束之后，诗中"归来"的出现次数就会有所增加，于是同学们认为苏轼的一生跌宕起伏，他一直满怀忧国之情，最后总能将这些归去归来的经历化作美好的文学意境。但有人批评了他们的研究，因为通过大数据来研究古诗词，会把古诗词抽象为一堆数据，从而失去诗歌的情怀。

苏轼

　　虽然利用大数据进行学习还有些弊端，但我们不得不承认通过大数据挖掘能让我们从另外一个视角更好地了解丰富的历史文化"数据库"，能给大家带来很不一样的学习体验。面对大数据辅助学习的优势和劣势，我们不禁要问几个问题：

　　1. 为什么利用大数据就可以发现这些知识，而靠日常的学习却发现不了呢？

　　2. 通过大数据我们知道苏轼和子由是兄弟，关系密切，但他们的兄弟情感到底是什么样的呢？

　　3. 大数据能让我们更全面地了解我国的历史文化，但通过数据分析能陶冶我们的情操吗？

　　要回答第一个问题，我们必须要知道数据和信息的差别，因为数据本身只是符号、没有任何意义，真正有意义的是数据所反映的信息。清华附小的同学们在把各种高频词统计出来后，只有通过比较和排序才能发现"子由""归来""使君"在苏轼的诗词世界里占到了那么高的比重，原来苏轼和其弟弟的关系很密切，苏轼的一生跌宕起伏。而我们的日常受到多方面因素的影响，要做到这么精确的统计分析是不容易实现的，这正是大数据为我们的文化科目学习带来的便利。

　　要回答第二个问题，我们就不得不直面大数据技术目前的劣势，即大数据技术无法厘清分析出的现象之间是相关关系还是因果关系。以冰糕消耗量、气温和犯罪率的真实故事为例，美国某个州的警局发现冰糕消耗量升高的时候，犯罪率也升高了，所以他们认为冰糕消耗量是犯罪率升高的原因，但我们知道二者之间不可能存在因果关系。警察经过深入的分析才发现，因为气温升高，人们会多吃冰糕，同时也因为气温升高，部分女士穿着较少，一些男性趁机骚扰才导致犯罪率的升高，如此一来，气温升高才是犯罪率升高的原因。

最后一个问题也是大数据技术不得不面临的痛。虽然我们可以借助大数据做很多有用的事情，但生活和学习中的很多事情却不能被数字所取代。例如，我们要了解诗人的报国情怀和兄弟感情就必须要去细细品读诗歌的意境。

总的来说，大数据作为一门新兴的技术，它有无限的潜力和发展空间，但目前也存在很多的不足，需要工程师和大家共同努力才能把这门技术的功用发挥到极致。

心理透视镜

通过上述内容，想必大家已经比较清楚大数据是什么了吧！俗话说，巧妇难为无米之炊，大数据技术的成功应用必须依赖于基础数据，而这些基础数据从何而来？面对这样一种富有生机又有风险的新技术，我们心中不仅会产生一些矛盾，同时也会有一些担忧。如今几乎人人都有一部智能手机，我们每天打过卡的地点、消费过的商店以及查看收藏的信息都是大数据技术的基础数据来源，如果这些数据被非法使用，就会给我们带来危害。因此，随着大数据技术的不断进步，个人隐私

第七章 大数据是什么

保护的问题也成了热议话题之一。

对于隐私而言，最重要的技术就是身份识别问题，互联网公司可以通过储存在用户本地终端上的数据、数字指纹等多种方法进行身份识别。以脸书为例，如果用户使用脸书账号访问某个 App，那么用户在这个手机上的所有行为都可能被脸书记录从而用于其他目的。其实技术本身没有好坏之分，但技术使用者的动机却有好坏之分。诚然，大数据技术为我们的生活、国家的管理提供了很多支持和便利，但如果使用技术的人动机不纯或者心理不健康，那么他们就可能通过技术危害社会，损害他人的合法权益。

面对隐私信息被泄露的风险，我们有哪些方法可以用来保护自己的隐私安全呢？

1. 除了不得不填的情况外，不要轻易在网络上填写自己和家人的真实信息。

2. 不要使用来路不明、名声不好的 App。

3. 遇到要求绑定银行卡、手机号码时，能用邮箱进行绑定的尽量用邮箱。

4. 定期对手机和电脑进行清理和杀毒。

5. 对可以进行物理隔离的设备进行物理隔离，比如用物品挡住摄像头。

请想一想，如果你是一名政府官员或者数据工程师，你会采用什么方法保护网民的个人隐私数据呢？

元芳带你看世界

多年来，学生群体中一直流行这么一个段子：三长一短选最短，三短一长选最长；两长两短就选 A，同长同短就选 B，长短不一选择 C，参差不齐就选 D。那真实情况是不是这样的呢？广州金十信息科技有限公司收集了 2009 年到 2019 年我国高考的所有选择题并对正确答案的分布进行了统计，他们发现了有趣的现象（见下表）。

我国 2009 年到 2019 年全国高考卷选择题正确答案分布（%）

科目	选项			
	A	B	C	D
语文	18.53	30.12	27.09	24.26
英语	26.38	25.96	25.75	21.89
文科数学	23.09	26.46	26.99	23.44
理科数学	24.86	26.50	26.32	22.30
文科综合	23.22	25.83	26.35	24.58
理科综合	18.85	26.95	27.68	26.52
总体	23.54	26.44	26.41	23.58

通过观察上表，我们可以发现各科目选择题正确答案的分布规律并不像段子中所说的那样。最明显的是语文和理科综合卷，在你不知道选哪个选项的时候，如果根据段子中的方法选了 A，多半是会丢分的。

那么，在你自己的学习和生活过程中，你会有意识地去总结数据、发现数据背后的信息吗？

一本正经告诉你

1.8 亿条数据助你拥有健康视力

"云夹"是中南大学爱尔眼科学院开发的一款智能产品，在两年多的时间里收集了 22911 名 6 ~ 17 岁学龄儿童和青少年的用眼行为数据，共 1.8 亿条有效数据。通过对这些数据的分析，他们报道了一些更准确的用眼数据，同时还报道了一些和我们认知中不一样的数据。

他们分析发现，目前只有 45.4% 的学生用眼距离大于一尺（约 33 厘米），28.3% 的学生用眼距离甚至低于 20 厘米；83.2% 的学生单次连续近距离用眼时长超过 40 分钟，其中超过 120 分钟的占到 53.5%；33.7%的学生在光照不足 200 lux 的环境下用眼（标准情况下室内除房间正常光源外，还需补充一个台灯光源），易造成眼睛的负担，引起近视。一、二线城市学生比其他城市学生用眼距离更近、用眼时间更长，阅读环境的光照更好；其他城市学生不如一、二线城市学生的户外活动时间长；周末，学生的用眼距离比在校期间更近、阅读环境光照更暗、户外活动

时间更少。

　　我国是世界上近视患病率最高的国家，怎样保护好青少年的眼睛是困扰政府和家长多年的问题。有了上面这些大数据的帮助，相信政府和医务工作人员能根据地域、时间、年龄等因素制订更加科学的视力保护方案。

▶ 第三节　当心理学遇上大数据

📖 **网络**
那些事儿

　　2019 年是腾讯 QQ 上线 20 周年。无论是 QQ 空间还是朋友圈，都上演了一场大型的"回忆杀"。在每个用户的"QQ 个人轨迹"页面，你能看到自己曾经用过的头像、发送的第一条信息、一共有多少好友、最近和谁的联系最频繁等各项数据，让你一时感慨万千。

　　这当然不是第一次出现用户的数据总结。每年年底，许多 App 都会做一个这样的总结，例如网易云音乐、支付宝、知乎、豆瓣等。我们可以从这些"年终总结"中回顾自己过去一年的行为，更有趣的是，这些数据还可以被用来预测我们的人格特征、认知风格和行为倾向等各个方面。这不禁让人好奇，当心理学遇上大数据，究竟会碰撞出怎样的火花呢？

2020年2月3日在××餐馆
吃了最贵的一餐

626.00元

全年在吃上共花费	比去年多花费
2,979.50元	2,857.60元

🖰 **心理**
透视镜

1. 数据采集更快更广

　　我们或多或少都接触过网络上的心理测试，例如性格、气质、能力

等等，这些测试数据是从何而来的呢？早期的心理学由于受到技术限制，只能采用纸质问卷的形式采集数据，因此面临施测非常困难，如数据采集规模小、施测过程慢、耗时较长且容易出现样本偏差等问题。大数据的出现，极大地促进了心理学数据采集的速度、广度和深度，我们的各项心理数据都可以在日常的网络行为中被搜集、追踪和分析，进而解决我们遇到的问题，也为心理分析提供了更为可靠的依据。

2. 研究方法更丰富

早在 2014 年就有一篇关于情绪传染的研究运用到了大数据。该研究对近 70 万脸书用户的动态信息"动了手脚"：使一组用户接收到的信息以积极情感为主，另一组用户则以消极情感为主。结果显示，用户的情绪会受到这些动态信息所包含的情感影响：接收积极情感信息的用户情绪更积极，反之，接收消极情感信息的用户情绪会变得消极。尽管这项研究备受争议（可能需要考虑伦理问题），但这 70 万的样本就这样被大数据轻松地解决了，这就是大数据的魅力之一。因为这项技术，我们收集到的数据更自然、更客观，处理起来更便捷有效，同时还能实时地监测到各项数据的动态变化，提高时效性。

3. 开拓心理学的"边疆"

心理学研究会先提出一个假设，再用得到的数据结果来验证它。这样的研究逻辑是先验的，它其实是对经典的研究方法只能获得有限数据的妥协。但大数据是后验的，它往往建立在大规模的数据收集之后。例如，在一项对新浪微博用户的人格预测系列研究中，研究者们从收集到的网络行为预测了用户的大五人格（大五人格模型是目前使用最广泛的人格模型之一，它将人格分为 5 个维度：开放性、尽责性、外向性、宜人性和神经质），结果显示不同人格维度与微博行为之间是显著相关的。这不仅有效地弥补了经典研究方法无法得到大量数据的缺陷，还能在大量数据中发现新的问题，开拓心理学的研究范围，也更加符合"从实践中来"的研究思想。

解锁
新技能

1. 教育和心理

一个社会的发展和教育息息相关，我们作为青少年，正是吸收知识的黄金年龄，心理发展走在一条至关重要的道路上。但在这条路上，我们会遇到一些问题。从生理上来说，我们总体趋近成熟，但大脑中仍有一块与执行控制有关的脑区——前额叶——还在发展。因此，我们常常做出一些冲动的举动，这是正常的，不必因此感到手足无措。正因为我们的心理仍在发展，所以我们更要重视心理教育的作用。大数据不仅可以帮助教育者建立数据库，例如我们的家庭状况、成绩、特长、能力、身体健康等信息，还能查漏补缺，帮助我们更好地成长。

2. 社会情绪

因为大数据的特征，它常常与社会心理结合起来，进行样本量大且广泛的研究。我们在网络中经常能看到群体性的舆论和事件，并受到他人情绪的影响。这就是大数据和心理学结合的重要领域之一：社会情绪。

通过大数据，社会心理研究获得了很多成果，例如：一项研究发现，积极情绪和消极情绪每周的波动节律几乎一致，积极情绪在周六、周日显著高于工作日；另一项研究还发现，下雨天会直接影响人们在社交软件上发布动态时的情绪水平，并且这种情绪状态还能进一步影响到远在其他城市、没有直接体验到下雨天气的好友看到该动态后的情绪水平。因为大数据的加入，这些研究能够帮我们更好地面对网络中的情绪问题。

3. 跨时空的研究

大数据可以帮助我们研究不同时间和空间的行为，并建立联系。例如，家庭暴力是一个全世界都广泛关注的问题，它对受害者的身体和心理都造成了伤害。在以往的研究中，当时测量的结果往往无法准确反映这些

家庭成员在被家暴时的心理状态，而大数据可以把受害者初次遭受家暴时发表在社交平台上的文字和行为数据纳入研究中，从而进行纵向比较。一项研究表明，家暴受害者在首次经历家暴之后，抑郁程度显著升高；身体暴力与精神暴力均会造成受害者短时间内抑郁程度的增加。这些研究结果都有助于引起人们对心理健康的关注，并改善自己的行为。

元芳带你看世界

　　布里斯托大学曾利用机器学习分析了英国 57 个城市 4 年内的 8 亿条推文，得出了一个有关情绪的结论——人们普遍在早晨情绪高涨，在深夜情绪低落。

　　每天早上 5~6 点，人们开始进入社交媒体的表达高峰期，并且这时人们的情绪表达更为积极，关注点也比较集中在个人状态上。在 7~9 点，人们的情绪开始偏向于愤怒，但如果是在非工作日，人们就会一直保持积极而愉悦的状态。到了深夜，人们的情绪表达会变得消极，同时关注点也会从个人状态转移到社会方面。随着时间的推移，越接近第二天的凌晨 3~4 点，人们的关注点就越集中在宗教之上。这一时间段人们的思维模式更多地表现出困惑、焦虑、非理性、更愿意参与和分享的状态。

工作日7~9点

凌晨3~4点

非工作日7~9点

　　尽管不同国家之间的行为习惯不同，但我们也可以想想自己在社交平台上的活动状态，我们的心情也和时间有关吗？

互联网心理：网络心理透视镜

微博是中国社会情绪的"脉搏"

微博是反映中国大众心理、社会生活百态的最大、最快速的研究平台，它已经成为感知中国社会的"脉搏"。由中国心理学会前任理事长、南开大学乐国安教授领衔的计算社会科学课题组经过研究，发布了"微博网民情绪系列研究"的初步成果，他们发现：微博网民情绪的起伏不仅与中国社会发生的重要事件存在明显的对应关系，还能够在一定程度上预测上海证券综合指数及其交易量的每日变化。

该课题组以微博网民情绪为切入点，通过与华东师范大学研究团队合作，专门针对新浪微博开展了一系列社会心理研究。课题组发现，在主要的节假日时点上，微博网民情绪有明显的对应波动。例如，春节期间微博上的快乐类情绪会有明显上升，悲伤、愤怒、恐惧和厌恶等负性情绪会跌入阶段性低点。

在分析一周内的微博情绪变化时，研究人员发现：快乐情绪在工作日期间落入低谷，于周三达到最低值，但会随着周末的到来逐步回升；而恐惧、悲伤等负性情绪在周末略有下降，其他时候则较为稳定。这些都比较符合人们的日常生活经验。

该课题组还研究了微博网民情绪与社会重大事件的关系。例如，在2011年7月23日发生的甬温线动车追尾事故中，事发当天新浪微博上的快乐情绪急速下降，而悲伤、愤怒和恐惧的情绪开始上升。值得注意的是，悲伤情绪早于愤怒情绪达到最高点，但愤怒情绪后劲足，上升趋势持续时间较长。随后的几天里，人们一直沉浸在悲伤、愤怒和恐惧的氛围中，一直到7月29日悼念活动结束后，公众的各类情绪才逐渐恢复到往日水平。

（摘引自：中国社会科学网《微博是中国社会情绪的"脉搏"》，http：//ex.cssn.cn/zx/bwyc/201403/t20140329_1049733.shtml。有删改。）

第八章

可以，这语言很网络

"xswl""真香警告""年轻人，你不讲武德！""我是一棵柠檬树"……

对于这些当红的网络语言，你都知道它们是什么意思吗？了解它们的出处吗？了解它们火遍朋友圈的原因吗？本章将会从网络流行语、表情包和网络段子三个方面着手，详细讲述网络用语。

快和我们一起走进网络语言的世界看一看吧！

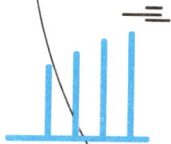

第一节 奔跑吧，火星文

网络那些事儿

网络流行语就像海浪，一波未平一波又起，"xswl(笑死我了)"、"awsl（啊我死了）"这些热词的余热还未消散，"年轻人，你不讲武德！"又火遍了朋友圈。

"年轻人，你不讲武德！"到底是个什么梗呢？

自称"浑元形意太极拳掌门人"的马保国在和民间高手王庆民的30秒比试中，连续三次被打倒在地。事后，马保国的一段控诉视频在抖音和B站上广为流传。马大师在视频中指责年轻人不讲武德，偷袭他这个69岁的老人家，因为传统功夫讲的是点到为止，

否则他一拳下去就能把年轻人的鼻子打骨折。

现在，"年轻人，你不讲武德！"主要用来调侃输不起的人，也被用来形容年轻人很猛。

心理透视镜

近年来，网络语言因其简洁性、娱乐性和形象性等特点逐渐走红，从最初的"脑洞""给力""xswl"，再到现在最新流行的"奥利给""年轻人，你不讲武德！"，网络语言就像龙卷风，来得快，去得也快。那么，促使我们使用网络语言的原因究竟是什么呢？

1. 方便快捷

网络语言具有方便快捷、简洁明了的特点，比如，网友们创造出了简明的聊天词汇"88（再见）"、"666（牛）"等，这为人们的表达和交流提供了一种快捷的方法，并且在识读时也能快速准确地理解对方的意思，这大大加快了信息的传播，方便了人们的沟通。

2. 形象具体

网络语言具有形象性，这样的一个特性源于人们的想象能力和引申能力，因此网络语言的出现也丰富了词语的形式和含义。例如"打酱油""安利""种草"等，被赋予了一些新的含义。这一现象从本质上来说是对传统词汇体系提出了新的发展诉求，以创新和更加个性化的语言形式对文化进行积极的改造。

3. 寻求归属

作为社会的新生力量，我们青少年是社会生活中不可忽视的一个群体。在网络中，青少年会形成一个属于自己的亚文化群体，并且拥有着一个独立的言语社区，即大家会使用特定的网络语言作为交流的方式，久而久之会增加集体认同感和归属感，满足社交的需求。

4. 追求新颖

青少年正处于"疾风怒涛"的时期，有比较强的自我意识，不愿意被束缚，想要获得和成年人一样的话语权，也就是被承认。但是由于生理和心理上的不成熟，他们会受到诸多的限制。于是，青少年希望通过一种标新立异的方式引起他人的注目。网络语言不同于日常使用的规范的语言，它能满足我们追求流行和新鲜事物，以及打破常规的需求。

解锁新技能

网络是一把双刃剑，有好也有坏。网络用语的发展给我们的生活带来了许多便利，同时也带来了不少的消极影响，我们需要正视它。

1. 网络语言的消极性

同学们有没有思考过，网络语言是否会给个体和社会带来负面影响呢？

一方面，长期使用网络语言会导致语言词汇匮乏，非规范的语言表达没有逻辑，会使人的阅读能力下降，造成"失语"的严重后果。尤其是我们跳出青少年这一群体，面对社会中其他群体的时候，网络语言不是与他人进行广泛对话的载体和桥梁，也就不能与对方顺利交流，无法获得对方的认可。

另一方面，网络语言的不良使用很容易引起网络暴力。法国作家勒庞在《乌合之众——大众心理研究》一书中写道：聚集成群的人们，感情和思想会转到同一个方向，自觉的个性消失了，形成一种集体心理，其心理特点是易冲动、易变和易躁，易受暗示，易于轻信，情绪夸张而单纯。也就是说，网民在使用网络语言的时候，非常容易受到网络群体文化氛围的影响，从而出现低俗化使用的现象，甚至出现语言暴力。在刷微博、看论坛的时候，我们很容易被其他网友的愤世嫉俗所带动，变得不像自己，要么激动，要么谩骂，要么嘲讽。

2. 如何正确使用网络语言

既然长期依赖和使用网络语言会给我们带来一些负面影响，那么我们应当如何规范地使用网络语言呢？

首先，从自身行为来讲，可以减少对键盘和手机的依赖，养成良好的写日记的习惯，通过写日记提升自己的文字修养和阅读能力。同时，也可以养成每天阅读的好习惯，尤其是对纸质书籍的阅读必不可少。

其次，从自身认知来讲，在使用网络语言的时候，也需要随时保持对自我的认知，不要因网络的匿名性而模糊了自己公民身份的边界。

最后，从复杂的网络和社会情景的现实来讲，我们也需要提高自己的辨识能力。网络语言良莠不齐，有幽默诙谐的、耐人寻味的，也有害群之马，应弃之糟粕的。要知道，那些极具表现力、有益的网络语言才会有极强的生命力，才能经受得住时间的考验，成为语言的精髓。同学们也需要擦亮自己的双眼，提高辨别能力！

元芳带你看世界

网络语言大盘点

1. 雨女无瓜。这个词出自电视剧《巴啦啦小魔仙》，剧中的游乐王子整天戴着面具高冷地回复"与你无关"，可是游乐王子的方言口音听起来就是"雨女无瓜"。所以这个看起来高冷神秘的词，其实就是一个普通话不标准的发音！

2. 盘他。这个词来源于相声《文玩》："干干巴巴的，麻麻赖赖的，一点儿都不圆润，盘他！""盘"字在文玩圈指通过反复摩擦，使文玩表面更加光滑有质感。走红网络后，该词衍生出很多意思，比如"怼他"。总之，万物皆可"盘"。

3. 北京第三区交通委提醒您："道路千万条，安全第一条。行车不规范，亲人两行泪。"这句魔性的口号是一句交通安全宣传语，出自《流浪地球》这部电影，看过的人肯定对它再熟悉不过了。

道路千万条，安全第一条。
行车不规范，亲人两行泪。

一本正经告诉你

接下来我们就来解读一下网络用语的秘密吧！

1. 我也是醉了

这是一种网络新潮用语，它是一种对无奈、郁闷、无语等情绪的轻微表达方式。用法类似"我也是晕了"，是一种幽默用语。它通常表示对人物或事物的无法理喻、无法交流和无力吐槽，而这种语言最初起源于电脑游戏DOTA的解说，后来有人将其运用到了微博中。

心理解读：这其实是自我解嘲和主动示弱的表达形式，符合现代人在自媒体时代，用轻松、幽默、简单的形式去表达深刻内涵的心理和行为的模式。面对不能理解的事情和现象，指责和抱怨其实很多时候是解决不了现实问题的，反而会把问题弄得特别紧张。通过这样的自嘲的方式去自我剖析，可以达到情绪宣泄的效果。

2. 挖掘机技术哪家强

这句话源自山东济南蓝翔技校的广告语，请的是唐国强做代言人，由于有一段时间在各大卫视播放，因此大多耳熟能详。而之前网上流传山东蓝翔技校为争夺楼盘，副校长带领学校工作人员及社会人员到河南打架一事，将其推至风口浪尖，导致很多负面消息，所以网友就扒出了这条曾经红遍大江南北的广告语，最后演变成了网络流行语。原广告词是："挖掘机学校哪家强，中国山东找蓝翔！"

心理解读：这样的一句话带有调侃的意味，也表达了一种不满的情绪，但从侧面可以透露出网民是通过这种最轻松的语言和逻辑，反映出现实中灰暗，或者是不好明说的事实。这也正是网民的网络智慧的真正反映，表达其对这件事的看法和关心：应该谁来负责？

3. 真香警告

这句话出自湖南卫视的综艺节目《变形计》，家境富裕的王境泽不愿体验农村生活，用绝食抵制节目的录制，坚决不肯吃一口饭。后来，饿了的王境泽只能妥协，边吃饭边说出了"真香"二字。所以，网友用"真香警告"来调侃前后不一致的打脸瞬间。

心理解读：为什么会出现真香警告呢？在没有深入了解的情况下，我们容易对某类人和事产生偏见，形成消极的刻板印象，比如上述主人公王境泽对农村的刻板印象。但是，当这类想法经过实践检验后，我们都不得不对自己道一句"真香"。

第二节　行走的表情包

　　网络表情包和热词的更新速度极快，或许你三天不上网就看不懂朋友发的朋友圈和聊天时用的图片了。表情包是一种图形化、视觉化、符号化的表现形式，在现代人的移动通信沟通之中占有非常重要的地位。

　　2019 年伊始，出现在大众眼前并且刷屏的表情包，是一只只酸酸的"柠檬精"。柠檬精表情包是根据网络热词"柠檬精"而专门制作的。网络博主发布了一组柠檬表情包，表示只有柠檬才能表达自己"为别人的爱情流泪"的心酸心情。而这一现象级话题也成为网友新的创作源泉，"人类的本质是柠檬精"话题引发了网友的共鸣，热度有了小幅度的波动，并用柠檬制作了无数的表情包。

不知道为什么
它围绕着我

随着网络的普及，人们渐渐开始使用表情包来辅助文字聊天。这是为什么呢？让我们来看看使用表情包背后的深层原因吧！

1. 群体归属感

案例中所提到的柠檬表情包的走红，实则是当今互联网和人们沟通交流相互作用所导致，是高速运转、崇尚调侃的一种亚文化的体现。在上一节中，我们曾经提到"集体认同感和归属感"这一概念，而表情包的走红，也与两个方面有关，一个是表情包自身的特征，另一个与网民的需求——群体归属感相关。新生代的网民大多会通过关注当下时尚热点事件，表达一种对流行文化的追求，而在聊天当中使用表情包，会帮助其获得网络中的身份认同，也就是"贴上商标"。

2. 印象管理

表情包实则是对文字的一种补充，弥补了文字交流的枯燥以及不准确等特点。在网络聊天中，有的人在书面语言的表达上有所缺乏，有时语言组织稍有不恰当、表达不充分，就会给人留下不好的印象。而表情包的印象管理功能却能很好地克服这一点——你看不到真实的我，我能控制我对你的印象。表情包自带了一种打磨过的幽默智慧，用表情聊天就是一种借力，因此，即使一个人平时不善言辞且谈吐寡淡，也可以使用表情包把自己包装成一个幽默有趣的人。

3. 消化负面情绪

请同学们思考一下，当你不想让对方知道自己真实的情绪时该怎么办？发表情包咯！文如其人，不论你怎么掩饰，只要你用文字回复，都多少会透露出自己的真实想法和情绪。出于某些目的，你可能不想让别人知道你的沮丧或者难堪，那么发表情包就能很好地解决这个问题。同理，当你有点儿生气的时候，表情包也能够拯救你，于是乎，你发了一个"打人"

的表情包，对方回了一个"可怜"的表情包，矛盾就在无形之中解决了，因为你表达了愤怒，对方也给了你回应，平安过渡。

4. 化解尴尬

在聊天中使用表情包，也可以化解尴尬的场面。比如你与朋友聊天聊累了，然而对方却正在兴头之上，这时发"嗯""哦""好"等文字又会显得过于冷漠和没有礼貌，于是表情包就能派上用场，不用过于费神而又幽默、清楚地表达了你的想法，从而很好地化解尴尬的场面。

解锁 新技能

既然表情包有这么多好处，那么使用它真的是百利而无一害吗？

1. 刷屏现象

表情包虽然能够化解尴尬，但是如果在聊天的时候遇到了刷屏，你们会有什么感受和想法呢？我们都知道，交流主要依赖于文字，表情包仅仅起到辅助作用。任何事物都有一个平衡点，一旦打破了这个平衡点，就会适得其反。表情包固然能够活跃气氛，增加亲切感，拉近彼此的距离，但是用表情包刷屏会让对方觉得你是在敷衍他，而最关键的是，使用者对此不自知，并没有感觉到聊天气氛的变化。而且，使用表情包本来就是一个素材积累的过程，刷不同的表情包倒还好，如果遇到某个人用同一个表情包刷屏的话，我们大概会对此产生强烈的排斥感，从而选择关掉聊天框吧。

2. "语言不规范"对汉语初学者的负面影响

随着互联网的普及，有的小孩子很早便开始接触表情包了，所以表情包的不规范表达也会对小孩子产生潜移默化、深远持久的影响。例如，"难受"这个表情包，用的是一张蓝色的忧伤的脸，并且配上"蓝瘦"二字；"这样子"的表情包是用"酱紫"二字配上一瓶酱油。这些都会对汉语初学者造成一定的困扰。此外，如果过度使用表情包，也会影响青少年中文表达的规范性。

3. 夹杂着不良信息

有一类表情包的基本原型素材是明星或动漫人物，网友们用他们的静态或者动态的图片配上幽默的文字。但这类表情包往往夹杂着一些不太健康的信息，或调侃，或讽刺，或夸张。根据人民日报的调查，使用这一类表情包的人表示，这种行为是"无伤大雅的"，略微不等于过度，再加上所配的图十分诙谐幽默，搭配起来并不会让人感到十分不适应。对于价值观成熟，有着鉴别能力的成年人来说，的确是没有太大的问题，但是对于那些心智发育还不够成熟的青少年来说，他们不能完全理解其含义，可能会导致滥用，产生不良的影响。

元宵带你看世界

你是否遇见过这样的情况，聊天时朋友给你发来一个难以辨别情绪的表情，比如：(一ˋ′一)？你能正确解读它背后的含义吗？我相信大家一定会肯定地说：这么简单的事情，我当然能 get（明白）他的意思。那我们来看左边这个表情包，你能猜到他是什么心情吗？

一个有趣的心理学实验回答了这个问题：仅仅依靠这样一张表情包，我们极有可能不能准确地判断他想要表达的真实情绪。有人选取了一系列的面孔表情作为研究材料，这些面孔表情截取于刚刚获得或失去关键一分的网球运动员。他们让实验的参与者观看这些网球运动员的面部表情，然后要求实验参与者判断这些网球运动员的输赢。最后出现了一个令人惊讶的结果，这些实验参与者并不能准确地判断出这些网球运动员到底谁输谁赢！

所以仅仅依靠表情包中的人物面孔，我们很难识别其真实情绪，这也能解释为什么同样的一张图片配上不一样的文字就能够表达不一样的意思。比如：上面的表情包我们可以配上文字"哈哈哈哈"或是"宝宝心里苦，但宝宝不说"。

网络的飞速发展加速了表情包的更新换代，那么，表情包这个亚文化是怎么一步一步地发展起来的呢？

表情包，也就是 Emoji 表情的集成。在原始时期，没有发明文字的原始人类用简单的绘画图案来记录事实或者陈述动作的行为，这种行为不限于地区或者民族，广泛存在，如云南沧源石刻壁画、拉斯科洞窟壁画，原始人类用生动的抽象绘画记录下史前的历史片段。这种情况一直到 1881 年，在 *Puck* 这本讽刺杂志上出现了用印刷符号组成不同情绪的人脸。这是有清晰记载的 Emoji 第一次出现在大众的眼前。

1982 年 9 月 19 日，美国卡耐基·梅隆大学的斯科特·法尔曼教授在电子公告板上，第一次输入了这样一串 ASCII 字符：":-)"。人类历史上的第一个符号表情就此诞生。这种用图形成为沟通媒介的表情逐渐进入人们的日常生活，并且沿用至今。

1999 年，QQ 问世，它迅速成为网民最喜爱的聊天工具。随着 QQ 新版本的推出，动图和自定义表情开始崭露头角，表情包也成为最早流行的自定义表情，而这批表情依然作为中老年表情包而活跃在一线，至今仍然能够在各类家长、长辈群中看见它们的身影。

而之后，随着 90 后、00 后开始涌入社交网络，以及智能手机的普及，自定义表情包的创作路线开始如脱了缰的马一般日益欢脱，这也导致了一些经典人脸表情包的问世，让金馆长、姚明、甄嬛以及尔康等成为网络红人。当然，在表情包上面配上文字，也成为大家斗图时所必不可少的素材。例如，我们比较熟悉的学友大哥以及金长馆的表情包。当然，也有很多"损友"自娱自乐，会把制作朋友的表情包当作两人之间感情深的象征。

▶ 第三节 那些年，我们追过的段子

网络
那些事儿

　　段子本是相声作品中的一节或一段艺术内容，而随着新兴媒体的出现，"段子"一词的内涵也慢慢地发生了变化，融入了一些独特的含义，如在 2013 年时，一位知名人士发了一条微博：

　　　　六点登山与一老和尚喝茶。我对和尚说，我放不下一些事，放不下一些人。他说，没有什么东西是放不下的。我说，我偏偏放不下。他说"你不是喜欢喝茶吗"，然后就递给我一个茶杯，再往里面倒热水，一直倒到热水溢出来。我被烫到后马上松开了手。和尚说，这个世界上没有什么事是放不下的，痛了，你自然就会放下。

　　　　这样的一篇鸡汤文引得成群结队的段子手模仿恶搞，评论区可谓是精彩不断，而这样的原创与再次创作经过转发、评论与分享，创造了惊人了阅读量，其中一些段子手更是"一战成名"，名利双收，不仅获得了大量的粉丝，积累了最初的受众，还能够接到广告商的橄榄枝，段子手这样一个职业也由此诞生。

随着信息技术和互联网的发展，人们的生活越来越离不开网络，而如今网络段子也被更多人熟知，甚至有的段子经网络专业写手或者网友修改再创后，会变得"无人不知，无人不晓"。网络段子为什么深受大众的喜爱呢？接下来就让我们一起来探寻这背后的原因吧！

1. 段子内容引发共鸣

从段子本身来讲，其蕴含的文化十分吸引人，描述的内容与大众的现状十分相似，能够挖掘读者喜欢的话题并引发共鸣。段子的内容大致分为以下几类：

喜闻乐见类，也就是看了之后让人心情愉悦的东西，可以从中寻求安慰。例如"看到一些人的现状比我还惨，我也就放心了""你还是不要减肥了，这样你还可以说自己丑是因为胖"，这类段子通常是比较"负能量"的。

关注生活类，描写的是很多人日常的工作和生活的状态，也就是所谓的"接地气"。这类段子是真正地走进大众的生活，会让读者有一种强烈的对号入座的感觉。

鸡汤类，这类段子会让读者感到茅塞顿开，通常会收藏或者转发一下，表示这个段子对自己来说很有用。

2. 网络的传播

为什么段子会如此得人心？除了段子本身的内容吸引人以外，更重要的是互联网的发展。网络打破了地域和阶级的限制，让我们的生活和沟通内容变得更为多元了。回想以前互联网没有普及的时候，我们对于其他圈子的人的生活，可以说是一无所知，没有电视媒体的报道，没有自媒体人的分享，恐怕更多的消息是从老百姓的口中和仅有的报纸上得知的。而如今，互联网突破了这样的局限，明星、媒体人等知名人士，他们生活的点点滴滴都会"泄露"于互联网上。从无知到有知，多的是理解，少的是误会。

3. 自我合理化

自我合理化是一种心理防御机制，是指当个体的动机未能实现或行为不能符合社会规范时，尽量搜集一些合乎自己内心需要的理由，给自己的行为一个合理的解释，以掩饰自己的过失，从而减少焦虑的痛苦和维护自尊免受伤害。例如，当我们觉得减肥很辛苦时，看到段子"人生如此艰难了，为何不大快朵颐！"之后可能就不想减肥了。所以，人天生就有合理化的倾向，我们喜欢为自己的行为动机找理由，使自己处在一个较为舒服安逸的状态，趋利避害，而合理化就是一种自我保护反应。

解锁新技能

段子是网络语言的一种类型，它以其幽默、朗朗上口的优势满足了大众的心理需求，潜移默化地影响着我们的生活。积极的段子有助于我们人际交往能力的提升，但也有一些段子在使用的过程中逐渐"变味"了，并可能成为网络暴力的传播载体。一旦出现偶然事件，网络可以在短时间内聚集大量的网民，形成一个网络群体。此外，网络的匿名性进一步推动了群体中原有的责任分散效应，也就是说，在网络群体中，网民会将自己的行为归责于群体，个人不会因不当的行为承担后果。这就会导致网民行为的偏激化，而一些带有负面含义的段子就成为网络暴力的导火索。

接下来，我们来看一看该如何规范网络段子。

1. 增强自律意识

网民不仅是网络段子的传播者，也是规范网络段子的主力军。现流行于网络的段子，均是受到网民认可的，只有这样的段子才能得以保存，并最终占据网络段子的主流地位。所以，作为青少年的我们，要增强自律意识，学会辨别不良的段子，对它们采取"漠视"的举措，那么这些不良段子很快就会消失在网络中。

2. 学校的引导

对于学生来说，比较重要的便是学校的引导，学校需要充分利用和优化校园网，借助不同的活动，对学生进行网络语言文明教育，加强其网络安全意识。例如，可以定期举办一些与网络语言相关的、积极向上的活动，教会学生如何正确地利用网络资源进行学习。

3. 网络媒体把关

网络媒体同样承担着阻止负面段子传播的社会责任，始终坚持正确的舆论导向，起到引导网民的积极作用。现在，网络服务商均从技术上做了一些努力，例如只要包含敏感词汇，很多段子或其他不良信息就会被屏蔽。

元菁带你看世界

网络段子朗朗上口，幽默诙谐。幽默是一门艺术，那么什么样的技巧才能使你的段子变得幽默呢？接下来，我们一起来探索这其中蕴含的奥秘吧！

1. 自嘲的技巧

在遇到一些窘迫的场景时，不少人通过自嘲的方式来调节紧张情绪，缓解尴尬氛围，这就是所谓的自嘲式幽默。现实生活中也有许多非常擅长自嘲式幽默的人，但是，自嘲绝不等同于自轻自贱，所以我们在自嘲时，内心既要足够强大，也要有自谦和自信心，同时也要把握好这个度。

2. 字同义不同

有时利用多义词的性质，也可以使语言充满幽默，给人带来欢乐。有这样一则故事：一天，小男孩敲了敲办公室的门，一位叔叔出来开门并对他说："你没有看到门上的牌子写着'非公莫入'吗？"小男孩微笑着回答说："看到了，不是公的不准进去，我是男孩，是公的，当然可以进去。"办公室的人听了他的话都忍不住大笑。为什么小男孩的话能让人们发笑呢？主要是因为"公"的多义特性，因为它可以是"国家或集体所有的"，也可以是"雄性的"。小男孩将其理解为"雄性的"，这和门上所写的"公"字的意思大相径庭，因此大家都忍俊不禁。

3. 预期违背

幽默语言的魅力既基于表达者独有的语言技巧，也有赖于双方在共知语境的前提下领悟幽默信息的潜信息。简单来说，信息的传递者和接收者所交流的内容要基于双方都能理解的空间，即共知语境，才能更好地传递和感知幽默。在这种共知语境中，幽默语言如果用"预期违背"这一方法进行呈现，则会有不一样的效果。"预期违背"是什么？讲述者先为听者设定一个情景，让听者想当然地代入自己的惯性思考，最后讲述者给出与听者的预期不一致的评价，让听者有种被"戏耍"的体验，从而带给其一种出乎意料的感觉。这种表现方法在戏剧和脱口秀中经常见到，其具有跨地域、跨语言的优势。

忽闻河东狮子吼

北宋时期，一代文豪苏东坡先生生性豪放、诙谐幽默，而他的一生不乏逸闻趣事，也留下了不少富有文采且有趣的段子。苏东坡若是生活在如今的互联网时代，定是个当之无愧的段子手，也一定能够收获千万粉丝。

东坡先生因乌台诗案被贬黄州，此地有一狂放不羁之人，姓陈名慥，字季常，自称龙丘先生。东坡先生慕名前往与陈季常结识，后来常与其一起谈论文学，遂成为好友。陈季常十分热情好客，常常邀请朋友们到家中做客，用歌舞美食款待他们。而陈季常的妻子河东郡柳氏，乃是善妒之人，每当他沉迷欢歌燕舞之时，便拿着木杖敲打墙壁，大喊大叫，意在赶走宾客，结束歌宴。

因此，东坡先生有诗云："龙丘居士亦可怜，谈空说有夜不眠。忽闻河东狮子吼，拄杖落手心茫然。"意思是，陈季常也实在可怜，他整夜不睡大谈佛法，忽然听见那河东狮子的吼声，便吓得心都虚了，连扶着的拐杖也掉了。此句中"河东"代指陈季常的妻子柳氏，陈季常信佛，而"狮子吼"本指佛教神威，所以东坡先生用佛家用语跟他开玩笑。

东坡先生乃善谑之人，乃是段子手中的高手，同学们可以自己去了解一下"东坡段子"，领略一下这位大宋段子手的风采。

网络娱乐真是"因吹斯听"

互联网的普及使得网络娱乐业已成为我们日常生活中必不可少的一种娱乐方式。我们习惯了"有问题，找百度"，喜欢在闲暇之余看看网剧、刷刷短视频，在无聊的时候听听音乐、看看小说，偶尔还会逛逛 B 站、知乎、微博，等等。总之，网络上的娱乐生活可谓是丰富多彩！为什么我们会热衷于网络娱乐活动呢？这其中的心理因素有哪些？网络娱乐活动的利弊是如何表现的呢？又有哪些小技巧、小方法可以帮助我们更好地使用网络进行娱乐活动呢？就让我们一起来看看吧！

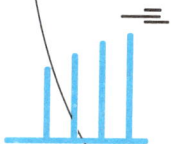

第一节 "带火"神器"短视频"

2016年9月，抖音横空出世，于短时间在行业内脱颖而出，成为佼佼者。上线一年，抖音PK掉了坐拥数亿用户量的快手；上线三年，风靡全球，覆盖155个国家，包含75种语言。截至2018年6月，抖音的国内活跃用户数达1.5亿，全球活跃用户数达5亿。这款App更是于2019年第一季度统治了苹果App商城，在综合安卓系统之后，下载量更是达到全球第三，火爆程度可见一斑！

火爆的不止抖音这款App，不少歌曲、产品、城市也因为抖音一举成名。比如，著名的海底捞抖音专用火锅调味碟、郑州网红占卜冰淇淋、重庆穿楼轻轨、成都宽窄巷子、西安摔碗酒、济南宽厚里老街、鼓浪屿的土耳其冰淇淋等等，都因抖音而"扬名万里"！

为何抖音这类短视频App会这么火？除了其本身所具有的短小精悍、简单明了、参与性强、内容丰富等特点吸引我们之外，从我们青少年自身来说，又有哪些心理因素起了作用呢？

1. "爱好新奇"的注意力

请想象一个场景：教室里，老师正在声情并茂、激情四溢地讲着课，同学们正在聚精会神、专心致志地听着课。突然，教室前方传来了一声极不和谐的"吱呀"声，几乎所有同学都会不约而同地朝门口望去，结果发现只是风不小心把门给吹开了而已。而我们真的就对这一"吱呀"声感到很好奇吗？不见得，只是环境中新奇的事物引起了我们的注意罢了！

心理学研究发现，那些在环境中独具一格的事物更能吸引我们的注意力，且这种吸引是快速的、高效的、无意识的。在抖音、快手、火山小视频这类App中，各类别出心裁的短视频层出不穷，仿佛为青少年了解大千世界打开了一扇门，门外的世界则令我们目不暇接，轻易地吸引着我们的注意力，占领着我们休闲娱乐的主要阵地。

2. "寻求刺激"的奖赏系统

人的大脑中有个区域，叫中脑边缘多巴胺系统，它通过分泌多巴胺控制着我们的愉悦感，故又称为奖赏系统。当我们处于高兴奋的状态时，奖赏系统会分泌较多的多巴胺，让我们感到愉快，觉得自己获得了奖励，对当前正在进行的行为就有一种继续做下去的欲望。当我们处于低兴奋甚至低落的状态时，脑中的多巴胺分泌就会减少。此时，我们转而又会去寻求高兴奋的活动以获得愉悦感。

相比于阅读纸质书籍之类的低感官刺激的休闲活动，观看各类丰富多彩、绚丽多姿的短视频能带给我们持续的高兴奋体验，刺激我们的大脑不断地释放出多巴胺，让我们感到快乐和有趣。逐渐地，观看短视频就填满了我们的空余时间。

3. "愈发旺盛"的求知欲

处于青春期的我们，思维的发展有了深刻的变化。我们的抽象逻辑思维逐步占优势，思维的独创性逐步增长，思维的敏捷性、灵活性、批判性和生动性逐渐增强。这一时期的我们开始思考"我是谁？我从哪里来？要到哪里去？"之类的问题，求知欲也愈发旺盛。

抖音之类的 App 中汇集着各种各样的短视频，覆盖的内容广泛全面，包括诸如琴棋书画等传统精粹；嘻哈、摄影、艺术等世界万象；天文、物理、医学等自然科普；历史、哲学、语言等社会通识；等等。这类 App 以短视频的形式给我们打造了一个百科全书式的知识图谱，以一种轻松活泼的形式向我们传递着严肃的科学知识和传统文化，让我们在娱乐的同时拓宽了自己的知识面，丰富了自身的精神世界，提升了自身的科学素养，也满足了我们源源不断的求知欲。

解锁 新技能

短视频不仅吸引了我们的注意力，而且与我们的大脑活动息息相关。我们应该怎么做才能充分利用短视频促进自身发展，避免其可能带来的消极影响呢？

1. 深度学习：对知识进行众筹

短视频的发展为我们的学习带来了很大的便利，让我们突破时间和空间的限制，能够随时利用零碎的时间完成对知识技能的学习和补充。但是，短视频最大的一个缺点就是信息的碎片化。我们的大脑被裹挟在海量的零零散散的信息中，我们看似见多识广、知识储备量多，实际上略知皮毛、逻辑框架差、知识浅层加工。长此以往，会对我们的深度学习产生不好的影响，既影响到我们将知识用于实践、发现问题和解决问题的能力，也会对我们的逻辑思维和批判性思维产生不良影响。

因此，我们要学会通过知识众筹来实现对碎片知识的整合。知识众筹就是将学习资源汇集在一起。在短视频平台，我们可以找到一群志同

第九章　网络娱乐真是"因吹斯听"

道合的朋友，针对某个我们感兴趣的知识点，各自分享我们的观点及学习资源，将知识汇总到一起，形成一个系统的整体知识框架，促使我们进行深度学习。

2. 防止沉迷：合理的自我控制

我们大脑中的奖赏系统在成瘾过程中起着至关重要的作用。众多的成瘾物（如：游戏、酒精、烟草等）都是通过增加大脑奖赏系统中的多巴胺分泌来强化人们的成瘾行为，长此以往，可能会对我们的大脑造成伤害。比如，心理学研究表明，与普通青少年相比，网络成瘾的青少年其大脑灰质密度变小。灰质密度是大脑健康的一个指标，灰质密度越大，大脑越健康。

因此，我们在观看短视频时，要控制自己不要花费太多的时间在娱乐消遣性过强的视频上，尽量多关注一些知识技巧类的视频；充分利用好自己的课余零碎时间，吸收短视频中精华的内容，促进自身的良好发展。

3. 仔细筛选：观看合适的视频

短视频的一个特点就是包罗万象。其中有不少科普类、生活智慧类的视频在平台上崭露头角，也有不少知识达人在平台上发布有趣的学习内容、介绍独特的学习方法，还有不少学生也通过制作短视频纷纷加入了知识分享的行列。观看这种知识类的短视频，有利于我们青少年自身的良好发展。

但是，短视频的内容良莠不齐，在这个信息大爆炸的时代，我们要学会对信息来源进行仔细筛选，审慎辨别，从海量的信息中识别出适合我们观看的、对我们有价值的以及我们需要的信息，将之纳入我们的知识体系中，这样才能实现自我价值的提升。

元芳带你看世界

深度伪造：危险的"黑科技"

俗话说："耳听为虚，眼见为实。"但是近年来，一项"黑科技"的产生，使我们的眼见不再为实！这项技术名叫深度伪造（Deep Fake），它是基于融合面部覆盖、人工智能以及深度机器学习等技术，通过加工目标人物的人脸图片，模仿目标人物的声音、面部表情，甚至是个人特殊习惯等，来制作超现实的虚假视频，甚至可以达到以假乱真的地步！

深度伪造的发展不禁让人感到担忧！因为这项技术的使用让操纵虚假视频、传播虚假信息、误导普通大众变得更为容易。比如，2017年发生的演员乔丹·皮勒冒充奥巴马攻击特朗普事件，那些思想极化的人就可能被影响。2019年的扎克伯格假视频和美国众议院议长南希·佩洛西的假视频事件，甚至让美国政坛开始担忧2020年的选举问题。

考虑到深度伪造的滥用问题及其潜在的不利影响，谷歌发布了自己制作的深度伪造数据集，以支持在深度伪造检测方面的研究。美国众议院情报委员会甚至专门为此召开了一场听证会，公开谈论了深度伪造技术对国家、社会和个人的风险及防范和应对措施。

一本正经告诉你

"奖惩反馈"让注意力更集中

耶鲁大学的一项研究采用了实时脑成像技术考察了奖励—惩罚反馈机制对人们注意力的影响。实时脑成像技术是一种能提供即时反馈的核磁共振成像技术。有了这种即时反馈，人们就可以根据反馈及时调整自己的行为，达到时刻警惕的状态。

研究人员设计了一个十分巧妙的实验：他们给被试提供了一组由场景和人脸组成的图画，场景和人脸各做了50%的透明化处理，让被试持

续观看这些图片2分钟，并在室外场景出现的时候告诉研究人员。但是，图片里根本没有什么室外场景！因此，时间久了，被试的专注力就变弱了，大脑中的活动也相继发生了变化。

当实时脑成像技术检测到大脑正在"走神"，就会给予被试一个"惩罚"，把呈现给他们的图片变得更透明，让他们更加难以辨认。此时，被试就不得不重新集中注意力观看图片。当实时脑成像技术检测到他们的大脑一直非常专注时，呈现的图片也会越来越清晰；而被试意识到自己被"奖赏"之后，他们的注意力也就变得越来越集中。并且，经过实时的注意力训练后，这些人在日常生活中的注意力也得到了显著的提高。

▶ 第二节　经典与神曲的更替

网络 那些事儿 -

2019 年 9 月 16 日 23 时，在时隔 489 天之后，周杰伦携新曲《说好不哭》回归，在华语乐坛掀起一场不小的风暴！新歌上线后，一度导致 QQ 音乐服务器崩溃，并迅速霸占微博热搜；上线不到两小时，单曲数字版销售总额就突破了一千万；不到十小时就占据了优兔（YouTube）美国榜、加拿大榜、澳大利亚榜、新加坡榜以及马来西亚榜第一。

微博热搜

热搜榜
实时热点 每分钟更新一次
1. ×××蹲火锅桌上唱歌
2. 抖音快手××××
3. 国家×××××××

虽然这首单曲的豆瓣评分并不理想，但不可否认的是周杰伦拥有着巨大的影响力。据不完全统计，周杰伦的粉丝群体在 1988—1997 年出生的居多，但也有不少 00 后新生代群体被他的歌曲吸引。

心理 透视镜 -

在流行音乐大众化的今天，青少年业已成为新生代听众主力军。据中国互联网络信息中心 2020 年 9 月的《第 46 次中国互联网络发展状况统计报告》显示，截至 2020 年 6 月，我国网民规模为 9.40 亿，其中，19 岁以

下青少年网民占比为 18.3%，而网络音乐用户规模达 6.39 亿，说明在我们青少年群体中，网络音乐的使用率非常高。据另一项调查显示，青少年喜欢的网络音乐类型大多是流行音乐。为什么青少年如此喜爱流行音乐？其中的心理因素又有哪些呢？

1. 共振效应

共振效应指的是两种相近的心理状态或现象的共鸣。流行音乐的亚文化特征，即反抗性、颠覆性、批判性等特点，与青少年想要反抗成人的社会秩序、追求独立与自我的特点相吻合。此外，流行音乐无论在创作内容还是表演形式上都极具个性化，且很强调个体内在的情感体验。青少年的情绪既具有强烈狂暴的一面，又具有温和细腻的一面，既是固执的，也是可变的。换言之，我们的情绪在青少年时期变得越发丰富和细致，情感体验变强，同时情绪又极易受到外部环境的影响。流行音乐重视个人内在情绪体验的特点有利于舒缓青少年内心复杂的情绪感受，因此，流行音乐在一定程度上与我们的内心世界产生了共鸣。

2. 集体认同感

一项研究考察了音乐作为一种传递价值观的工具对小学生集体认同感的影响：研究人员将 102 个来自不同国家、不同文化背景的 10~12 岁的小学生分成两组，一组学习一系列的音乐课程，另一组则不进行任何音乐课程的学习。课程中，研究人员首先让学生分享一首他们自己国家的歌曲及其风俗和文化，然后将歌曲与身体音乐，即通过拍手、击掌、踏步和发声等产生的音乐相结合，以便每一个学生都可以参与到活动中。结果 3 个月后，学习音乐课程的学生更喜欢来自其他国家的小伙伴，并对他们产生更多的集体认同感。

青少年在听流行歌曲时，会对自己所在的群体产生更多的集体认同感，而集体认同感的增加反过来又会促进青少年对流行音乐的喜爱。

3. 人格影响我们对音乐的感知和喜好

除了流行音乐，青少年当中不乏喜欢其他音乐类型的小伙伴。为什么不同的人对音乐类型的喜好会不一样呢？人格因素在其中起到了很大的作用！

心理学研究发现，开放性较高的个体，即拥有好奇性、对新鲜事物感兴趣、富有创造性的人，更喜欢"沉思而复杂"的音乐，如蓝调、爵士、古典和民谣等；也喜欢"激烈而叛逆"的音乐，如摇滚和重金属等音乐；不太喜欢"乐观而传统"的音乐，如乡村音乐、电影原声带、宗教音乐和流行音乐。

外向性较高的个体，即外向的、热情的、活泼的、健谈的、喜欢交际的、爱冒险的人，更喜欢"乐观而传统"的音乐，以及"充满活力且节奏感强"的音乐，如说唱音乐、朋克音乐和电子音乐。

宜人性较高的个体，即乐于助人的、可信赖的、富有同情心的、注重合作的人，更喜欢"乐观而传统"的音乐和"充满活力且节奏感强"的音乐。

尽责性较高的个体，即做事有计划有条理的、自律的、谨慎的、克制的、尽职的、坚持的人，更喜欢"乐观而传统"的音乐。

神经质较高的个体，即那些经常感到忧伤、情绪容易产生波动的人，更不喜欢"沉思而复杂"的音乐。

解锁新技能

网络的普及性、广泛参与性使得网络音乐已经成为人们日常生活中必不可少的一部分，那么我们青少年该怎么使用网络音乐来促进自身的发展呢？

1. 音乐让枯燥的任务更有趣

当我们在完成一些枯燥乏味的任务时，比如写错题集，音乐可以为我们提供帮助。因为听自己喜欢的音乐是一种享受，这就会使得完成任务的这个过程变得有趣，也会帮助我们加速完成任务。

一项科学研究表明，在播放摇滚乐或古典音乐的情况下，人们识别图像、字母及数字的能力会更强。类似的效应也体现在流水线工人身上。听音乐可以让工人更有效率，更加快乐，同时更少失误。因此，无论你

喜爱哪种类型的音乐，只要你听，就会使重复枯燥的任务变得更易接受，并更快完成。

2. 选一首最爱的老歌

我们在听音乐时，大脑释放的"快乐物质"多巴胺会让我们产生愉悦感！

当我们在学习的时候听到新的音乐，大脑可能会释放过量的多巴胺，多巴胺的增加会使我们失去对所学内容的关注和兴趣，从而将注意力全都转移到音乐上。因为，枯燥乏味的课本远没有音乐有趣和让人愉快。因此，如果我们要一边听歌一边学习，那就选择一首我们常听的老歌吧！如果一定要听新歌的话，那就选择没有歌词的音乐吧！

3. 听愉快的音乐减轻压力

来自哈佛大学的一项研究显示，听让人感到愉快的音乐能减轻学生在学业考试中的压力，帮助学生取得更好的成绩。

研究人员邀请了 64 名 14~15 岁的高中生，并将之分为两组。在他们考试期间，给其中一组学生播放"让人感到平静"的莫扎特奏鸣曲，研究人员称之为"让人愉快"的音乐；给另一组学生播放"能引起注意"的古筝弹奏曲，研究人员称之为"让人不愉快"的音乐。结果发现，听莫扎特奏鸣曲的学生在学业考试中感受到的压力更小、完成考试的时间更短、取得的成绩更好。

同时，研究也发现，那些将莫扎特奏鸣曲评价为"让人不愉快"或"没有感觉"的学生，他们的成绩并没有变好！

所以，当我们在学习时感到压力过大，不妨听听让自己感到愉快的音乐。

4. 任务复杂，请关掉音乐

当我们在学习复杂的新知识时，需要更多的注意力与精力以便尽快掌握和运用。例如，当我们在学习如何解一道数学题时，最好把音乐关掉。

在一项研究中，科研人员要求成年人完成一项较为复杂的任务，即回想一系列按特定顺序播放的声音，结果听着音乐他们的表现会变差。研究得出的结论是，音乐会减弱人们对新知识的认知及学习能力。因此，在处理新的复杂的事务时，请将耳机摘下，全心投入任务中。

元苍带你看世界 ----------------------------------

莫扎特效应

1993 年，发表在国际顶级科学杂志 *Nature* 上的一篇论文发现，相比于听放松指令或安静坐着的学生，听十分钟莫扎特音乐的学生在之后的空间测验（某种智力测验）中表现得更好。于是，为博眼球，媒体大肆鼓吹，听古典音乐能提高智商（莫扎特效应）。要知道，该论文的作者可从来没有这样说过！

那么问题来了，莫扎特效应又是因何出现的呢？ 2001 年，来自加拿大的研究团队针对这一问题进行了考察。研究人员让一部分学生听莫扎特奏鸣曲（愉快且充满活力的片段），让另一部分学生听阿尔比诺尼的《柔板》（舒缓且悲伤的片段）。研究结果显示，莫扎特效应是由于不同音乐类型所引发的人们的"生理唤醒"和"情绪体验"不同而导致的，当去除这两个因素的影响时，听莫扎特音乐和其他音乐后，学生在空间测验中的表现一样好。这也印证了莫扎特效应只是听古典音乐后"空间推理"的一种"暂时提高"。

音乐训练改善我们的听觉能力和语言能力

来自美国芝加哥的一项研究显示，乐器演奏训练有助于我们的大脑发育。

研究人员邀请了 40 名刚入学的高中生，将之分为两组。一组接受乐器演奏训练，另外一组接受军事训练。在之后 3 年的高中生涯中，接受乐器演奏训练的学生每周要在学校里接受 2 个半到 3 个小时的乐器教学，这些乐器包括打击乐器、大号、萨克斯、喇叭、单簧管、贝斯、扬琴和长号，且他们都是第一次学习乐器；接受军事训练的学生每周要在学校里接受 2 个半小时到 3 个小时的军事训练。3 年之后，研究人员对这两组学生的大脑听觉神经反应和语言能力进行了测量。

研究发现，接受乐器演奏训练的学生，他们的听觉能力较接受军事训练的学生得到了提高。两组学生的语音加工能力都有所改善，但是，接受乐器演奏训练的学生语音增强的程度更大。因此，青少年时期开始进行音乐训练可以提高声音的神经加工能力，并为语言能力的发展带来好处。

随着儿童年龄的增长，他们吸收外界新信息，特别是语言的能力会开始减弱，而这项研究结果则表明，音乐训练可以使儿童吸收外界新信息的能力保持得更久。

▶ 第三节　来自异次元的它们

📖 **网络**
那些事儿 ---

近年来，中国电影电视市场上最热门的词汇非"IP"莫属了，那么，IP 到底是什么呢？

IP，即 Intellectual Property，翻译为知识产权。对于电影电视来说，就是指适合二次或多次改编开发的影视文学、游戏动漫等。IP 背后成千上万的狂热粉丝以及他们不容小觑的消费能力，使得影视圈掀起了一股"IP 热潮"！

2019 年夏天，最火热的 IP 非《哪吒之魔童降世》莫属了！该片上映以来好评如潮，不仅收获了 50.35 亿元的总票房，位列中国电影票房总榜第三，豆瓣评分更是达到了 8.4 分的好成绩。

当然，"IP 热潮"不止出现在中国，同样也出现在其他国家，比如：

在美国，IP 是迪士尼、漫威；

在英国，IP 是哈利·波特、神探夏洛克、007；

在日本，IP 是宫崎骏、新海诚、One Piece……

除了网络游戏和网络音乐，网络娱乐还包括网络文学、网络动漫、网络影视、网络直播以及网络综艺等。据中国互联网络信息中心 2020 年的报告显示，网络娱乐已经成为青少年休闲放松的一种重要途径。青少年为何会如此热衷于这些网络娱乐方式？其中的心理因素有哪些呢？

1. 娱乐心理

网络小说、动漫、电影电视以及综艺节目，最大的一个特征就是娱乐性很强。青少年的学业压力与日俱增，随之而来的就是青少年情绪的压抑与不满。当人们倍感焦虑时肯定渴望得到休息和调剂，阅读通俗易懂的网络小说，看搞笑热血的网络动漫、轻松愉悦的电影电视以及综艺节目，就是最简便、最经济、最自由的一种消遣方式。

2. 猎奇心理

猎奇心理就是我们常说的好奇心理。不管是网络小说还是动漫中的角色形象，都是个性非常鲜明或独具特色的，其中的角色要爱就爱得死去活来，恨就恨得刻骨铭心，是朋友就同生共死，是敌人就你死我活，黑道白道，扑朔迷离。但是，这种生活状态在现实生活中是极少存在的，与普通人的现实生活更是有着天壤之别。玄幻、科幻类作品中主角波澜曲折的奇遇，正好符合青少年追求新异的好奇心理，也为青少年提供了一个个充满魅力的奇异空间，使他们暂时忘记现实生活中的平庸嘈杂，寄托自己的英雄主义，并憧憬洒脱传奇的人生。

3. 补偿心理

补偿心理是指个人由于受到自身因素或外界因素的限制，无法实现自己的目标时，会主动寻求"虚拟性满足"或"替代性满足"的一种心理。

社交能力不足、缺乏自信的青少年可能更喜欢看一些主角个人成长、美式个人英雄主义之类的小说、动漫、电视剧、电影，比如，玄幻类、修仙类的小说，《蝙蝠侠》《蜘蛛侠》《超人》之类的电影。没有得到足够关注的青少年可能更喜欢看一些"玛丽苏"类型的小说，即全世界都围绕着主角转，几乎所有人都喜欢主角的小说。青少年在看这些作品时，或多或少会把自己代入故事情景中，想象自己就是主角本人，在这些虚构的世界中，他们完成了现实中根本不可能完成的事。比如，像超人一样拯救世界、成为全宇宙关注的焦点等，这些现实不能给予青少年的满足感，他们却可以在小说、动漫、电影、电视剧这些虚幻的世界中轻而易举地获得。

解锁新技能

网络娱乐作为青少年最喜欢的休闲方式之一，我们应该如何利用它来促进自身的发展呢？

1. 是娱乐，更是一种奖励

阅读网络小说，观看动漫、电视剧、电影、综艺等，本身是一件让人感到放松和愉快的事情。青少年如果把这些事当作对自己完成学习任务之后的奖励，就不仅获得了娱乐时间，对学习也是有好处的。辛苦的学习之后，如果总是伴随着让人快乐的奖励，比如，看一会儿动漫、综艺，那么，我们学习的这种行为就会变得更为频繁和持久。心理学上把引起这种现象的原因称之为"强化"。

著名的行为主义心理学家斯金纳做过这样一个实验：他把一只小白鼠放在了他自制的箱子里，箱子里面有一根杠杆，小白鼠可以在箱子里自由地活动。有一天，小白鼠正在箱子里乱窜，一不小心就按到了杠杆，突然就有一团食物掉到了箱子下方的盘中。刚开始，小白鼠也很困惑，不知道这个食物是怎么来的。久而久之，小白鼠发现，原来只要它按这个杠杆，就会有食物掉出来。再后来，小白鼠按杠杆的行为就越来越多了。

所以，把阅读网络小说，观看动漫、电影、电视剧、综艺等当作我们学习的一种奖励，会让我们在学习这条路上变得更坚持哦！

2. 还可以"高大上"一点

阅读网络小说时，青少年可以选择一些文笔优美、逻辑性强、人物个性塑造鲜明的文学作品。阅读这类小说，不仅可以培养我们的阅读兴趣，对我们的文学修养也有好处。在观看电影或电视剧时，可以选择一些制作精良、剧情好、演员演技佳、能带给我们思考的作品，不选择那些粗制滥造的商业片。另外，尽量不要观看那种"快餐式"的综艺节目，这类节目制作快，没什么营养，不利于我们自身的发展。

所以，我们在选择网络娱乐活动时，可以不用太接地气，人人都看的不一定就是好的，我们的选择还可以"高大上"一点！

3. 为"正能量"作品点赞

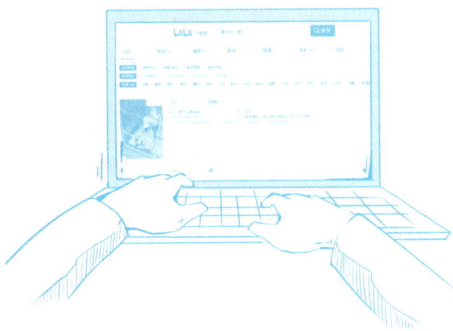

在我们选择观看某部电影、动漫，或阅读某部小说时，可以更多地关注一些正能量的、治愈的、热血的作品。因为，处于青春期的我们心智不够成熟，更可能受到各类小说、动漫、电影等潜移默化的影响，好的作品更有利于我们的身心发展。

元芳带你看世界

全球首位"C位"出道的中国"主播"

2018 年 11 月 7 日，在浙江乌镇的第五届世界互联网大会上，搜狗联合新华社发布了全球首个"AI 合成主播"。这个"主播"是以新闻主持人邱浩为原型，在搜狗"分身"技术的支持下，通过语音合成、唇形合成、表情合成以及深度学习等技术，"克隆"出与真人无异的 AI 分身模型。它能在播报新闻时模仿人的面部表情甚至是举止，达到栩栩如生的状态。该消息一经发布就引发了全球的关注，如：《泰晤士报》、路透社、福克斯新闻、《新闻周刊》、《卫报》、英国广播公司、美国国家公共电台等多家媒体都对此事进行了报道。

此外，在 2019 年 2 月 19 日，搜狗联合新华社又发布了首个站立式的 AI 合成主播，丰富了 AI 主播的肢体动作，实现了 AI 主播从"坐着播新闻"到"站着播新闻"的突破；同年 3 月，又推出了全球首个 AI 合成女主播，并惊喜亮相播报全国两会新闻。

一本正经告诉你

喜欢看恐怖电影？你可能拥有一颗神奇的大脑

为什么有些人会被恐惧的刺激吸引，而其他人想回避它？为什么一部恐怖电影，对一个人是娱乐，对另一个人是折磨？这些人的大脑有什么不同吗？

神经学家的研究发现，高度追求感官刺激的人对刺激强烈的东西高度敏感。

这种感官刺激也包含恐惧。每个人的大脑对恐惧的反应有所不同，主要区别在于奖励系统。

一个追求感官刺激的人是不同于常人的，一般人无法从恐惧的刺激中得到任何奖赏，反而会害怕它们。而追求感官刺激的人也许能调整大脑的认知，使大脑认为恐怖电影绝对不会伤害到他们，并且在看恐怖电影时可能会体验到情绪高低起伏所带来的愉悦感。这可能就是他们爱看恐怖电影的原因。

（摘引自：壹心理《为什么你偏偏爱看恐怖片？》，http://www.xinli001.com/info/100310863。有删改。）